国家出版基金项目
NATIONAL PUBLICATION FOUNDATION

涡轮机械与推进系统出版项目
"两机"专项：航空发动机技术出版工程

国外燃气轮机简明手册

尹家录　梁春华　张世福　等　编

科学出版社
北　京

内 容 简 介

本手册简要介绍了国外 19 家燃气轮机研制机构的概况、组织结构和市场竞争策略等信息,重点总结了各研制机构共 59 型微型、轻型、重型燃气轮机的产量、改进改型、价格、应用领域、竞争机型、研制历程、结构特点、性能参数和尺寸重量等信息。

本手册可供燃气轮机的科研人员、生产人员和管理人员了解与分析国外燃气轮机性能和技术特点时参考,也可供燃气轮机使用机构选择电站、泵站、压缩机站或舰船推进动力时使用。

图书在版编目(CIP)数据

国外燃气轮机简明手册/尹家录等编. —北京:
科学出版社,2022.12
"两机"专项:航空发动机技术出版工程 国家出
版基金项目 涡轮机械与推进系统出版项目
ISBN 978 - 7 - 03 - 073815 - 8

Ⅰ. ①国… Ⅱ. ①尹… Ⅲ. ①航空发动机—燃气轮机
—手册 Ⅳ. ①V235.1 - 62

中国版本图书馆 CIP 数据核字(2022)第 220309 号

责任编辑:徐杨峰 / 责任校对:谭宏宇
责任印制:黄晓鸣 / 封面设计:殷 靓

科学出版社 出版
北京东黄城根北街 16 号
邮政编码:100717
http://www.sciencep.com
南京展望文化发展有限公司排版
广东虎彩云印刷有限公司印刷
科学出版社发行 各地新华书店经销
*
2022 年 12 月第 一 版 开本:B5(720×1000)
2024 年 3 月第五次印刷 印张:18
字数:354 000
定价:**140.00 元**
(如有印装质量问题,我社负责调换)

"两机"专项：航空发动机技术出版工程
基础与综合系列
编写委员会

主 编

曾海军

副主编

李兴无　胡晓煜　丁水汀

委 员

（以姓名笔画为序）

涡轮机械与推进系统出版项目
序

涡轮机械与推进系统涉及航空发动机、航天推进系统、燃气轮机等高端装备。其中每一种装备技术的突破都令国人激动、振奋，但是技术上的鸿沟使得国人一直为之魂牵梦绕。对于所有从事该领域的工作者，如何跨越技术鸿沟，这是历史赋予的使命和挑战。

动力系统作为航空、航天、舰船和能源工业的"心脏"，是一个国家科技、工业和国防实力的重要标志。我国也从最初的跟随仿制，向着独立设计制造发展。其中有些技术已与国外先进水平相当，但由于受到基础研究和条件等种种限制，在某些领域与世界先进水平仍有一定的差距。为此，国家决策实施"航空发动机及燃气轮机"重大专项。在此背景下，出版一套反映国际先进水平、体现国内最新研究成果的丛书，既切合国家发展战略，又有益于我国涡轮机械与推进系统基础研究和学术水平的提升。"涡轮机械与推进系统出版项目"主要涉及航空发动机、航天推进系统、燃气轮机以及相应的基础研究。图书种类分为专著、译著、教材和工具书等，内容包括领域内专家目前所应用的理论方法和取得的技术成果，也包括来自一线设计人员的实践成果。

"涡轮机械与推进系统出版项目"分为四个方向：航空发动机技术、航天推进技术、燃气轮机技术和基础研究。出版项目分别由科学出版社和浙江大学出版社出版。

出版项目凝结了国内外该领域科研与教学人员的智慧和成果，具有较强的系统性、实用性、前沿性，既可作为实际工作的指导用书，也可作为相关专业人员的参考用书。希望出版项目能够促进该领域的人才培养和技术发展，特别是为航空发动机及燃气轮机的研究提供借鉴。

张彦仲

2019 年 3 月

"两机"专项：航空发动机技术出版工程

序

航空发动机誉称工业皇冠之明珠，实乃科技强国之重器。

几十年来，我国航空发动机技术、产品及产业经历了从无到有、从小到大的艰难发展历程，取得了显著成绩。在世界新一轮科技革命和产业变革同我国转变发展方式的历史交汇期，国家决策实施"航空发动机和燃气轮机"重大科技专项（即"两机"专项），产学研用各界无不为之振奋。

迄今，"两机"专项实施已逾三年。科学出版社申请国家出版基金，安排"'两机'专项：航空发动机技术出版工程"，确为明智之举。

本出版工程旨在总结"两机"专项以及之前工作中工程、科研、教学的优秀成果，侧重于满足航空发动机工程技术人员的需求，尤其是从学生到工程师过渡阶段的需求，借此为扩大我国航空发动机卓越工程师队伍略尽绵力。本出版工程包括设计、试验、基础与综合、材料、制造、运营共六个系列，前三个系列已从 2018 年起开始前期工作，后三个系列拟于 2020 年启动，希望与"两机"专项工作同步。

对于本出版工程，各级领导十分关注，专家委员会不时指导，编委会成员尽心尽力，出版社诸君敬业把关，各位作者更是日无暇晷、研教著述。同道中人共同努力，方使本出版工程得以顺利开展，有望如期完成。

希望本出版工程对我国航空发动机自主创新发展有所裨益。受能力及时间所限，当有疏误，恭请斧正。

2019 年 5 月

前　言

　　燃气轮机是以空气为介质,靠燃烧室内燃料燃烧产生的高温高压燃气推动涡轮(透平)机械连续做功的大功率高性能动力机械。燃气轮机主要由压气机、燃烧室和涡轮三大部件组成,再配以进气、排气、控制、传动和其他辅助系统。燃气轮机广泛应用于发电、机械驱动和舰船推进等能源、国防领域,是关系国民经济发展和国家安全的高技术核心装备,是能源动力装备领域的最高端产品,是一个涉及国家能源的战略性产业。根据国际预测公司(Forecast International Inc.)于 2021 年第 3季度公布的对未来 10 年(2021~2030 年)世界范围内的燃气轮机市场预测,包括微型燃气轮机在内,燃气轮机总产量将达 17 972 台,产值达 1 372.8 亿美元,可以说燃气轮机的市场需求和产值巨大,属于市场前景非常好的高技术产业。

　　2015 年,由 196 个缔约方参与的巴黎世界气候大会通过了《巴黎协定》,旨在把全球地表平均温度升幅控制在工业化前水平以上 2 摄氏度之内,并努力将温度升幅限制在工业化前水平以上 1.5 摄氏度之内,以此来应对人类活动带来的气候变化问题;2020 年第 75 届联合国大会上,中国提出力争 2060 年前实现碳中和,国内多家研究机构对近期能源转型时期以及远期碳中和时期的能源发展路径及能源结构进行了深入探讨和研究。由此可见,在燃气轮机的高热效率、广泛的燃料适应性、低污染排放、长寿命、高可靠性、方便维护等关键技术中,低污染排放技术先进与否成为燃气轮机产品能否成功的关键。以天然气为燃料的化石能源是一种清洁低碳燃料,但化石能源的属性一定程度上影响了其未来的市场空间,氢能的发展以及氢能未来在能源行业的应用前景使得各大燃气轮机研制机构看到了新的业务方向,燃气轮机在未来几十年里将进行深度脱碳,全球主要燃气轮机研制机构正在开发可燃用高富氢燃料的燃气轮机,通过先进的燃烧室设计技术,未来的燃气轮机可以燃烧纯氢燃料。

　　基于燃气轮机的发展历史与环境,以及燃气轮机研制机构的产品发展、现状与未来趋势,本书开展了燃气轮机研制机构与产品的发展研究,对于总结燃气轮机研制经验和开发新产品,以及对目前和未来制订预研计划、研发新产品、布局市场应用具有重大意义。

本手册首先介绍国外燃气轮机研制机构的发展概况、技术优势、产品发展历程、组织机构、竞争策略等信息,随后分三部分介绍各研制机构的在产燃气轮机。第 1 部分是一般情况,包括主制造商、供应商、结构形式、功率等级、现状、产量、改进改型、价格、应用领域、竞争机型;第 2 部分是研制历程,简要介绍燃气轮机产品从研制、生产、对外发布、投入使用到改进改型的全寿命研制周期;第 3 部分是结构和性能,结构部分详细介绍燃气轮机燃气发生器和附属装置的结构特点以及采用的新技术、新材料和新工艺等,性能部分列出燃气轮机的主要性能参数、几何尺寸和重量等。

本书由尹家录策划和审定,由梁春华审校,张世福、刘殿春、袁明慧、郑培英、王乐、李龙、张娜、刘红霞、兰海青、赵明菁、薛碧莹编写,由陈亮、欧永钢审读,由张世福统稿。

由于编者的理论水平和实践经验所限,书中难免有疏漏和不足之处,恳请读者批评指正。

编者

2022 年 4 月

目 录

德 国

"曼"能源解决方案公司

西门子能源公司

荷　兰

微型涡轮技术公司

欧谱纳径流涡轮公司

意　大　利

安萨尔多能源公司

日　本

川崎重工业株式会社

三菱动力株式会社

俄　罗　斯

土星科研生产联合体股份公司

乌　克　兰

曙光机械设计科研生产联合体

英　国

布雷顿喷气机有限公司

罗尔斯·罗伊斯公司

美　国

三菱动力航改燃气轮机有限责任公司

索拉涡轮公司

维利科动力系统有限责任公司

参考文献

德　国

"曼"能源解决方案公司

1. 概况

"曼"能源解决方案(MAN Energy Solutions)公司是世界重要的机械驱动及发电用动力设备研制商,总部位于德国奥格斯堡。"曼"能源解决方案公司前身为成立于1897年的"曼"柴油机与涡轮公司;2018年,更名为"曼"能源解决方案公司,完成了从零部件制造商向成套方案供应商的转变;2021年,收购德国氢气技术系统公司,提升了其在氢燃料领域的研发实力。

"曼"能源解决方案公司的燃气轮机机组专为工业应用场所设计,且结合了工业重型和轻型燃气轮机的优点,大修周期较长,运行相对稳定,并开发了具有广泛燃料适应性的先进分管形燃烧系统,采用预混技术,降低了主反应区的火焰峰值温度,确保了低NO_x排放。

"曼"能源解决方案公司的业务涉及柴油发动机、燃气轮机、发电机和涡轮机械等领域。燃气轮机产品为THM 1200/1300、MGT 6000等型号,功率等级为6~12 MW。20世纪60年代末,公司开始研制THM 1200系列燃气轮机;1967年,THM 1202型燃气轮机投放市场;1978年,交付首台THM 1304型燃气轮机;2005年,开始研制MGT 6000系列燃气轮机;2010年,机械驱动型MGT 6000燃气轮机投入使用。截至2018年末,公司售出燃气轮机共计462台。公司生产的燃气轮机产品凭借单元体设计、NO_x排放达到个位数的低排放水平、易于维护等技术优势,广泛应用于机械驱动、发电等领域。

2. 组织机构

公司下设船舶动力和系统部、动力装置部、涡轮机械部、售后服务部、反应器和装置部、涡轮增压器部6个业务部门。涡轮机械部负责压缩机、燃气轮机和增压器等装置的设计与生产。

3. 竞争策略

公司生产的燃气轮机与任何航改燃气轮机相比无相似之处,虽技术上稍显落后,效率较低,但价格较低且可靠性较高。公司生产的燃气轮机也因便于维护而闻名。THM 1304-10的现场检查(无零件替换)间隔为10 000~20 000 h,在替换零件情况下的检查间隔为30 000~40 000 h,部件寿命为20 000~90 000 h。

THM 1200/1300

1. 一般情况

主制造商　德国 MAN Energy Solutions。

供 应 商　美国 Hilliard Corp.（TC、TX 系列起动机）；

英国 VT Group plc.（控制装置）。

结构形式　双轴、轴流-离心组合式工业燃气轮机。

功率等级　8~12 MW。

现　状　生产。

产　量　截至 2017 年初，已安装 452 台 THM 1203/1304 型燃气轮机，遍及 32 个国家和地区。

改进改型　THM 1202　功率为 4.8 MW，已停产。

THM 1202R　功率为 4.8 MW 的回热循环型，已停产。

THM 1203A　机械驱动型和发电型功率分别为 5.9 MW 和 5.8 MW，已停产。

THM 1203A R　回热循环型，机械驱动型和发电型功率分别为 5.7 MW 和 5.5 MW，已停产。

THM 1304 - 9　THM 1304 系列中的最小功率型，机械驱动型和发电型功率分别为 8.9 MW 和 8.6 MW。

THM 1304 - 10　THM 1304 的升级型，机械驱动型和发电型功率分别为 9.6 MW 和 9.3 MW。

THM 1304 - 10R　回热循环型，机械驱动型和发电型功率分别为 9.1 MW 和 9.0 MW。

THM 1304 - 11　THM 1203/1304 系列中的功率增大型，机械驱动型和发电型功率分别为 11.0 MW 和 10.8 MW。

THM 1304 - 12　机械驱动型和发电型功率分别为 11.8 MW 和 11.5 MW。

价　格　THM 1300（发电型）为 600 万美元（2020 年）；THM 1300（机械驱动型）为 570 万美元（2020 年）。

应用领域　机械驱动（注水、流体输送、气体输送）、发电。

竞争机型　在机械驱动和发电领域，竞争机型有索拉涡轮公司的 Mars 90/100 燃气轮机、通用电气公司的 PGT10 和 GE - 10/2 燃气轮机、曙光机械设计科研生产联合体的 UGT - 10000 燃气轮机。

2. 研制历程

THM 1200 系列燃气轮机于 20 世纪 60 年代末开始研制;1967 年,THM 1202 燃气轮机投放市场;1978 年,开始交付首台 THM 1304 燃气轮机;具体研制概况如下表所列。

THM 1200/1300 燃气轮机研制概况

时 间	研 制 里 程 碑
20 世纪 60 年代末	开始研制 THM 1200 系列燃气轮机
1967 年	将 4.8 MW 的 THM 1202 燃气轮机投放市场
1971 年	开始研制 THM 1203A 燃气轮机
1978 年第 1 季度	交付首台 THM 1304 燃气轮机
1980 年末期	将 THM 1304 - 10 燃气轮机投放市场
1981 年	在法国安装完成首台 THM 1304 燃气轮机余热回收装置
1990 年	与西门子公司签署引进该公司混合式火焰筒的协议
1992 年中期	将 THM 1304 燃气轮机功率增大至 10.8 MW
1992~1993 年	为 THM 1304 燃气轮机研制新型低 NO_x 燃烧系统
2004 年	将 THM 1304 - 12 燃气轮机投放市场
2012 年 10 月	与巴西石油公司签署 20 台 THM 1300 燃气轮机长期服务协议
2017 年	获得中国湖南长沙新奥热力有限公司 2 台 THM 1200/1300 燃气轮机的订单

3. 结构和性能

1)结构特点

(1)进气装置:进气机匣与压气机的前径向轴承和推力轴承采用一体化设计。

(2)压气机:9 级轴流式(THM 1203)或 10 级轴流式(THM 1304)加单级离心式。THM 1304 的压气机可调导向叶片为一体化设计;转子叶片由含 13%(质量分数)Cr 的不锈钢精密铸造而成;轮盘喷涂 Ni - Cd 涂层;部分静子叶片材料为 In718;机匣材料由 E23 - 45M 钢铸造;利用 SermeTel 53 - 75 进行防腐蚀保护。

(3)燃烧室:THM 系列燃气轮机顶部配置了 2 个呈 V 字形的垂直偏置燃烧室。其顶部可以移动,以方便检修燃油喷嘴和点火器。燃烧室配置 2 个点火器,双

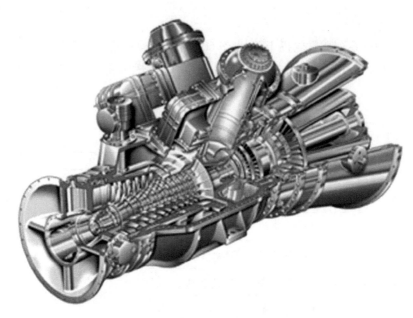

THM 1200/1300 系列燃气轮机结构

喷射系统可以使用液体燃料或气体燃料。机匣材料为 XC 18S,火焰筒材料为 In625 或 In617。THM 1304 各系列可配置干低 NO_x 燃烧系统,在 75%~100% 载荷且未喷射水或蒸汽的条件下,NO_x 排放低于 5 ppm($1\ ppm = 10^{-6}$)。

(4) 涡轮:高压涡轮为 2 级轴流式。THM 1203 的第 1 级工作叶片喷涂了带色彩亮度的 In792+涂层,第 2 级工作叶片材料为 Nimonic 105,轮盘材料为 A286。THM 1304 的第 1 级导向叶片和第 1 级工作叶片具有内部冷却结构,全部 2 级工作叶片喷涂了带色彩亮度的 In792+涂层,轮盘材料为 In718。第 1 级高压涡轮导向叶片材料为 MAR‐M509,第 2 级高压涡轮导向叶片材料为 HS‐31;机匣材料为 25‐D5 铸钢。

动力涡轮为 2 级轴流式,反力式设计,悬臂式安装于输出轴前端。涡轮导向叶片材料为 RR 102。轮盘材料为 A286。机匣材料为 E23‐45M 铸钢。THM 1203 工作叶片的材料为 Nimonic 80A,THM 1304 工作叶片的材料为 In713。

(5) 附件传动系统:行星齿轮减速装置为附件传动系统提供起动所需动力。压气机转子由 2 个可倾瓦轴承支承,其前端轴承由 1 个可倾瓦推力轴承和 1 个径向轴承组成。

(6) 控制系统:电子控制系统能够提供自动起动、载荷和运行能力,可以远程控制,并在异常情况下自动关机。

(7) 排气装置:回热器与排气热交换效率可达 89%,能够节省 20% 的燃油,总效率可达 33%。

2) 性能参数

发电型 THM 1300 燃气轮机的主要参数

参　　数	THM 1304 - 9	THM 1304 - 10	THM 1304 - 11	THM 1304 - 12
功率/MW	8.6	9.3	10.8	11.5
效率/%	27.7	30.4	29.8	31.6
热耗率/[kJ/(kW·h)]	13 020	12 840	12 090	11 780

机械驱动型 THM 1300 燃气轮机的主要参数

参　　数	THM 1304 - 9	THM 1304 - 10	THM 1304 - 11	THM 1304 - 12
功率/MW	8.9	9.6	11.0	11.8
效率/%	27.7	28.0	29.8	30.6
压比	9.6	10.0	11.3	≥ 11.3
热耗率/[kJ/(kW·h)]	12 500	12 330	11 610	11 314
质量流量/(kg/s)	44.9	45.3	49.1	49.1
排气温度/℃	492	500	505	505

联合循环型 THM 1300 燃气轮机的主要参数

参　　数	THM 1304 - 11	THM 1304 - 12
燃气轮机数量/台	2	2
燃气轮机功率/MW	21.5	23.1
蒸汽轮机功率/MW	11.4	11.4
装置效率/%	45.5	—
装置净热耗率/[kJ/(kW·h)]	7 910	7 554

THM 1200/1300 燃气轮机的尺寸和重量

参　　数	发 电 型	机 械 驱 动 型
长度/mm	16 100	6 500
宽度/mm	2 740	2 800

参 数	发 电 型	机 械 驱 动 型
高度/mm	6 400	3 600
重量/kg	77 004	35 000

MGT 6000

1. 一般情况

主制造商 德国 MAN Diesel&Turbo SE。

结构形式 单轴或双轴工业燃气轮机。

功率等级 6~7 MW。

现　　状 生产。

产　　量 截至 2020 年末,已制造和安装 13 台。

改进改型 **MGT 6000 - 1S(原 MGT 6100)** 单轴型,用于发电领域。

　　　　　　MGT 6000 - 2S(原 MGT 6200) 双轴型,用于机械驱动领域,还可用于热电联供领域。

价　　格 工业发电型为 400 万美元(2018 年),机械驱动型为 440 万美元(2018 年)。

应用领域 50 Hz 公用事业和工业发电以及机械驱动。

竞争机型 在机械驱动领域,竞争机型有通用电气公司的 NovaLT5 燃气轮机和西门子能源公司的 SGT - 100 燃气轮机;在发电领域,竞争机型有川崎重工业株式会社的 M1T 燃气轮机。

2. 研制历程

MGT 6000 系列燃气轮机于 2005 年开始研制,2013 年完成首台燃气轮机的安装;具体研制概况如下表所列。

MGT 6000 系列燃气轮机研制概况

时 间	研 制 里 程 碑
2005 年	开始研制 MGT 6000 系列燃气轮机
2010 年 11 月	机械驱动型 MGT 6000 燃气轮机首次开始点火试验
2013 年 6 月	德国索尔维公司安装首台 MGT 6000 燃气轮机
2017 年 4 月	开始使用 3D 打印技术批量生产标准化的 MGT 6000 燃气轮机涡轮导向叶片

续　表

时　间	研制里程碑
2017 年 6 月	MGT 6000 系列燃气轮机累积运行 35 000 h
2017 年	德国加斯卡德天然气管道运营商安装首台天然气管道
	增压用 MGT 6200 燃气轮机
2018 年	MGT 6100 和 MGT 6200 分别变更名称为 MGT 6000‐1S 和 MGT 6000‐2S 燃气轮机
2019 年末	MGT 6000 系列燃气轮机进入非洲市场

3. 结构和性能

1）结构特点

MGT 6000‐1S 燃气轮机

（1）压气机：11 级轴流式,带有可调进口导向叶片和 3 级可调静子叶片。

（2）燃烧室：为倾斜 35°的分管形,有 6 个火焰筒,工作模式分为预燃和预混两种。在小功率状态下,开启预燃工作模式;在大功率状态下,开启预混工作模式。联焰管和过渡管采用冲击冷却并喷涂热障涂层,约 90% 的燃烧空气首先用于冷却火焰筒,随后分流为燃烧空气和掺混空气。联焰管上的掺混孔确保了热燃气流的稳定。

（3）涡轮：高压涡轮都为 2 级轴流式;工作和导向叶片为气冷结构;轮盘采用外部空气冷却。

MGT 6000‐2S 低压涡轮为 2 级,经优化后可在双轴变速模式下运行,也可在

45%~105%设计转速下运行。MGT 6000 - 1S 低压涡轮为 3 级,与压气机后部转子相连,无自由动力涡轮。

2)性能参数

MGT 6000 系列的主要参数

参　　数	MGT 6000 - 1S(发电型)	MGT 6000 - 2S(机械驱动型)
功率/MW	6.6	6.8
效率/%	32	34
压比	15	15
热耗率/[kJ/(kW·h)]	11 250	10 590
质量流量/(kg/s)	28.0	28.1
排气温度/℃	505	462

MGT 6000 系列的尺寸和重量

参　　数	发　电　型	机　械　驱　动　型
长度/mm	13 000	12 000
宽度/mm	2 900	2 900
高度/mm	4 000	4 000
重量/kg	67 000	57 000

西门子能源公司

1. 概况

西门子能源(Siemens Energy)公司是全球领先的专业从事能源业务和数字化工业的公司之一,总部位于德国慕尼黑。公司的母公司是成立于1847年的西门子公司;1966年,西门子公司更名为西门子股份公司;1990年,公司和联合技术公司签订了长期技术交流协议,该协议的宗旨是保证西门子股份公司能够保持其燃气轮机技术居领先地位,即将普惠公司成熟的航空发动机技术连续地融合到发电燃气轮机中;1998年,收购美国西屋电气公司的化石燃料发电厂业务;2003年,收购阿尔斯通公司轻型工业燃气轮机业务;2014年12月,收购罗尔斯·罗伊斯公司燃气轮机与压缩机业务;2015年,收购德莱赛兰公司,这些收购补充了公司的投资组合,使其能源业务能够在整个价值链上提供完整的解决方案和服务;2020年4月,西门子能源公司从西门子股份公司中剥离并正式开始独立运营。

燃气轮机压气机采用了先进的三维叶片,可以很好地提高压气机总体效率,同时级数减少,复杂度降低。基于H级重型燃气轮机燃烧系统,西门子能源公司开发了第4代燃烧系统,采用了更多的预混燃烧器和预混火焰、全氧混合、缩短的过渡段等先进结构技术,缩短了燃烧气体停留时间;开发了陶瓷材料的涡轮叶片热障涂层,能有效抵抗燃气轮机起动和停机时产生的热应力,同时还通过激光雕刻技术增强热障涂层的黏着力,进行薄切割,减少热应力对涂层脱落的影响;还开发了多层涂层技术,即在涡轮部件的涂层上增加一个可以脱落的涂层,允许其在开始运行几百小时后脱落。另外,涡轮叶片还采用了超高效的内部冷却技术,改进了涡轮的二次空气系统。

公司业务范围涵盖燃气轮机、蒸汽轮机、以氢气驱动的混合动力发电厂和变压器等。燃气轮机产品为SGT-50、SGT-A05、SGT-A35、SGT-A45TR、SGT-A65、SGT-100、SGT-200、SGT-300、SGT-400、SGT-600、SGT-700/750、SGT-800、SGT5-2000E、SGT5-4000F、SGT5-8000H、SGT5-9000HL等,功率等级为1.5~425.0 MW。早在1948年,公司自行开发出第一台水冷型T3燃气轮机,之后长期致力于燃气轮机产品的研究、开发和验证。随着技术的发展,70多年来公司主要开发出4个系列的燃气轮机:V64、V84、V94和H级,V64、V84和V94机型的几何尺寸比为 1.2∶1.0∶0.67。随着技术的发展,V64、V84 和 V94 机型自 20 世纪 70 年代以来不断更新换代,公司开发出第二代、第三代以及其改进的"3A"系列。2000 年 10 月,公司首次提出 H 级燃气轮机的研发计划。H 级燃气轮机是综合原 F 级燃气轮机 V94.3A 系列和原西屋 W 系列燃气轮机的成熟技术,创新研发的第一个系列产品。2007 年 4 月公司在柏林工厂完成了首台 SGT5-8000H 型燃气轮机原型机组装,在德国巴伐利亚州成功完成全部试验项目,于 2011 年 7 月完成整台联合循环调试并投入商业运行。继完成 50 Hz 产品 SGT5-8000H 型燃气轮机的设计、制造和验证试验后,公司通过相似理论和按比例放大的设计思路,按照 1∶1.2 系数开发了适用于 60 Hz 市场的 SGT6-8000H 型燃气轮机,使 H 级燃气轮机涵盖了 50 Hz 和 60 Hz 产品。2016 年以来,公司开始基于成熟的 H 级燃气轮机技术,开发新一代由三个主要型号(SGT5-8000HL 和 SGT5/6-9000HL)组成的 HL 级重型燃气轮机,将发电效率从 61% 提高到 63% 以上。此外,公司还通过并购西屋电气公司、阿尔斯通公司、罗尔斯·罗伊斯公司、德莱赛兰公司等的轻重型和航改燃气轮机业务,不断扩充燃气轮机产品线,加深了成熟的航空发动机技术与重型燃气轮机技术的融合,确保了市场竞争优势。截至 2019 年底,已安装 6 900 台重型和航改燃气轮机。西门子能源公司生产的燃气轮机产品凭借高可靠性和低维护性等技术优势,广泛应用于发电和热电联供、机械驱动等领域。

2. 组织机构

公司下设输电部、发电部(分布式、集中式、解决方案、仪表与控制和服务业务)、工业应用部(燃气轮机、工业汽轮机、透平式压缩机、往复式压缩机、发电机以及工业解决方案和服务业务)、新能源部和歌美飒可再生能源部(陆上风电、海上风电和服务业务)。油气与电力业务从西门子股份公司分拆,并于 2020 年 9 月将西门子能源公司上市,实现独立运营。

3. 竞争策略

(1) 先进的燃气轮机技术。

燃气轮机采用三维叶片、燃烧系统、多层涂层和密封等先进技术,以提高燃气轮机的气动效率、燃烧温度、耐久性,最大限度地减少空气泄漏和冷却。

(2) 稳步推进本地化工作。

以中国为例,公司在上海设立了西门子燃气轮机工程中心,参与中国和全球项目的工程研制。对适用于分布式能源应用的中小型燃气轮机,从 2007 年开始与株洲南方燃气轮机成套制造安装有限公司,针对小型燃气轮机成功开展了合作。同时,公司还与中国著名高校展开了全方位的合作,实现了多方共赢的效果。

(3) 灵活的销售策略。

鉴于亚洲地区的发展正在进一步加快以及对大型和小型燃气轮机都有需求的情形,公司制定了多元化的销售策略。大型燃气轮机发电机能够最大限度地发电,同时实现产量最大化。但是具有较小燃气轮机的发电厂,如 50~70 MW 级,也非常适合工业园区的应用,这些燃气轮机在产生电力的同时,也产生蒸汽,因此可以用于其他用途,如供暖,其整体效率较高。

SGT - 50(KG2)

1. 一般情况

主制造商 美国 Dresser - Rand(1964~2015 年);

德国 Siemens Energy(2015 年至今)。

供 应 商 美国 Arconic Engines, Winsted Operations(熔模精密铸造整体叶轮);

美国 Camfil Farr Co.(空气过滤部件);

德国 Gleason - Hurth Maschinen und Werkzeuge GmbH(齿轮箱与精密齿轮);

美国 La Marche Mfg. Co.(蓄电池充电装置);

美国 Unison Industries, Norwich Operations(点火装置);

美国 Woodward Inc.(超速调节系统、电动液压调节系统)。

结构形式 简单循环、离心式单轴燃气轮机。

功率等级 1~2 MW。

现　　状 生产。

产　　量 截至 2020 年末,已制造近 900 台[包括由日本神户钢铁公司(Kobe Steel Ltd.)生产的 60 台]。

改进改型 **SGT - 50 干低排放型(DLE)** 采用干低排放燃烧室降低排放。

SGT - 50 扩散火焰燃烧型 采用扩散燃烧方式保持燃烧稳定性。

SGT - 50 外燃型 在外部增加了 1 个代用燃料燃烧室,实现了涡轮的间接加热。

价　　格 约 120 万美元(2020 年)。

应用领域 主要用于发电(包括联合循环发电装置)。

竞争机型 竞争机型有川崎重工业株式会社的 M1A - 13D 燃气轮机、索拉涡轮公司的 Saturn 20 燃气轮机、三菱动力航改燃气轮机有限责任公司的 ST18A 燃气轮机和欧谱纳径流涡轮公司的 OP16 燃气轮机。

2. 研制历程

SGT 50 燃气轮机由美国德莱赛兰公司的 KG2 燃气轮机改名而来。KG2 燃气轮机于 1964 年开始研制,1968 年投入使用,具体研制概况如下表所列。

SGT 50 燃气轮机研制概况

时　间	研制里程碑
1964 年	美国德莱赛兰公司开始研制 KG2 燃气轮机
1967 年	开始制造和测试首台 KG2 燃气轮机原型机
1968 年	功率为 1.2 MW 的 KG2 燃气轮机投入使用
1969 年	授权日本神户钢铁公司开始生产 KG2 燃气轮机
1989 年	研制成功 KG2 - 3E 和 KG2 - SL4 燃气轮机
1990 年	首次交付 KG2 - 3E 和 KG2 - SL4 燃气轮机
2003 年 1 月	获得在澳大利亚巴斯海峡无人化平台上应用 2 台 KG2 - 3E 燃气轮机的订单
2015 年 6 月	西门子股份公司以 76 亿美元收购德莱赛兰公司
2015 年 9 月	研制成功 KG2 - 3G 燃气轮机
2016 年 1 月	获得在澳大利亚巴斯海峡无人化平台上应用 2 台 KG2 - 3G 燃气轮机的订单
2016 年	将 KG2 燃气轮机变更名称为 SGT - 50 燃气轮机

3. 结构和性能

1) 结构特点

（1）压气机：单级离心式,与单级径流涡轮背靠背安装在一起,配置导向叶片。轮盘材料为 FV520B,诱导轮材料为 17 - 4PH,机匣材料为低碳钢,围带材料为铝。KG2 - 3E 型有 Ti - 6Al - 4V 轮盘和不锈钢扩压器。

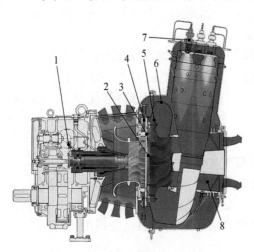

SGT - 50(KG2) 燃气轮机结构

1—转速/振动传感器;2—端齿盘;3—隔热屏;
4—压气机扩压器;5—导向叶片;6—蜗壳;
7—燃油喷嘴(6 个);8—排气扩压器

（2）燃烧室：分管形,安装有 6 个带有空气旋流环的双孔燃油喷嘴。顶部可以移动,便于维修和清洁。有 1 个标准的点火装置,可燃用液态、气态和双燃料。火焰筒和传焰管由 Hastelloy X 材料制造,外壁是低碳钢合金。KG2 型燃烧室具有清洁、低排放等特点。

（3）涡轮：单级径流式。叶轮为整体铸造式,材料为 Waspaloy。诱导轮材料为 In713LC,导向叶片材料为 X - 40。早期有些部件为无冷却设计;后期涡轮蜗壳和导向叶片由压气机引气冷却。

（4）附件传动系统：转子由 2 个可倾瓦径向轴承支承。双面 Glacier 型斜垫可倾瓦推力轴承位于旋转轴的冷端。径向轴承为喷镀巴氏合金的铜材料；推力轴承为钢带巴氏合金涂层。

（5）控制系统：伍德沃德公司 2301 电动液压控制系统接收来自磁力转速传感器、热电偶、振动传感器、油压传感器、温度传感器的信号。调速器使机组在正常的速度范围内工作，监测并传递载荷数据，还具有自动停机功能。

2）性能参数

发电型 SGT-50 燃气轮机的主要参数

参　　数	SGT-50 DLE	SGT-50 扩散火焰燃烧型	SGT-50 外燃式
功率/MW	2.0	1.9	1.9
效率/%	26.0	18.0	25.5
压比	7	4	7
质量流量/(kg/s)	9.5	15	9.4
输出转速/(r/min)	1 500/1 800	1 500/1 800	1 500/1 800

SGT-50 燃气轮机的尺寸和重量

参　　数	数　　值
长度/mm	4 570
宽度/mm	1 670
高度/mm	2 130
重量/kg	25 000

SGT-A05 AE(501-K)

1. 一般情况

主制造商　美国 Allison Engine Co.（1952~1995 年）；

英国 Rolls Royce plc.（1995~2014 年）；

德国 Siemens Energy（2014 年至今）；

英国 Centrax Ltd.，Centrax Gas Turblne Division（箱装体）。

供 应 商 美国 Associated Spring, Group Headquarters(齿轮弹簧);

德国 BHS Getriebe GmbH, Voith(大功率密度减速齿轮);

美国 Cabot Corp.(高温耐热合金轧制品、熔模铸件);

美国 Danville Metal Stamping Co.(防冰罩组件、隔音板组件);

美国 Dyna - Empire Inc.(控制组件);

美国 Honeywell Aerospace(空气涡轮起动机、电缆组件、配平组件、壳体组件、阀门组件);

美国 Paradigm Precision(燃烧室、火焰筒过渡段);

美国 Precision Castparts Corp.(PCC)(结构预制件);

美国 Woodward Inc.(Model 503 数字控制系统)。

结构形式 单轴冷端驱动和双轴热端驱动、轴流式、航改工业燃气轮机。

功率等级 4~6 MW。

现 状 生产。

产 量 截至 2019 年中期,已安装超过 1 690 台。

改进改型 SGT - A05 KB5S(原型号名称为 501 - KB5S) 501 - K 的功率增大型,基本载荷和尖峰载荷发电功率分别为 4.5 MW 和 5.4 MW。

SGT - A05 KB7S(原型号名称为 501 - KB7S) 501 - K 单轴燃气轮机的功率增大型,其持续功率为 5.3 MW。

SGT - A05 AEKB7 HE(原型号名称为 501 - KB7 HE) 501 - KB7S 系列中的最新型,采用了新设计的压气机系统。

价 格 发电型 SGT - A05 AE 燃气轮机为 310 万~480 万美元(2019 年)。

应用领域 发电(包括联合循环和热电联供)和舰船推进。

竞争机型 竞争机型有通用电气公司、川崎重工业株式会社和索拉涡轮公司的同等功率燃气轮机产品。

2. 研制历程

SGT - A05 AE 燃气轮机由艾利逊发动机公司的工业 501 - K 燃气轮机改名而来。501 - K 燃气轮机母型机于 1952 年开始研制,1962 年投入使用;具体研制概况如下表所列。

SGT - A05 AE 燃气轮机研制概况

时 间	研制里程碑
1952 年	美国艾利逊发动机公司开始研制 501 - K 燃气轮机母型机 Model 501/T56 航空涡桨发动机
1962 年	完成安装首台工业 501 - K 燃气轮机

续 表

时 间	研 制 里 程 碑
1963 年	首次投入使用 501－K 燃气轮机
1971 年	501－K 燃气轮机首次作为舰船推进装置在"斯普鲁恩斯"级驱逐舰上投入使用
1982 年 6 月	首次投入使用 501－KB5 燃气轮机
1987 年	开始研制蒸汽喷射型 501－K 燃气轮机
1990 年 8 月	501－K 燃气轮机首次在"阿利·伯克"级驱逐舰上开展海上试验
1990 年末期	完成 501－K 燃气轮机外部燃烧室燃用水煤浆试验
1991 年 6 月	开始研制 501－KB7 燃气轮机
1991 年 8 月	在 501－KB5 燃气轮机上开展了 4 h 的燃用煤水混合物的试验
1991 年	在 501－K 燃气轮机上开展了发散冷却火焰筒和激光打孔火焰筒的示范运行
1991 年末期	在 501－K 燃气轮机上开始使用发散冷却火焰筒和无预燃双燃料喷嘴
1992 年	501－KB7 燃气轮机投入使用
1993 年 5 月	开始在 501－K 燃气轮机上开展超低排放催化燃烧系统研制
1995 年	罗尔斯·罗伊斯公司收购艾利逊发动机公司
2014 年 12 月	西门子股份公司收购罗尔斯·罗伊斯公司燃气轮机与压缩机业务
2016 年	将 501－K 燃气轮机变更名称为 SGT－A05 AE 燃气轮机
2018 年 3 月	开始利用 3D 打印技术制造 SGT－A05 AE 燃气轮机干低排放镍基超合金预混器,并成功通过燃烧装置测试
2018 年 6 月	指定英国罗尔斯·伍德集团负责 SGT－A05 AE 燃气轮机新技术测试和整机组装
2018 年	开始试验 SGT－A05·AEKB7HE 燃气轮机

3. 结构和性能

1) 结构特点

(1) 压气机:SGT－A05 KB7 为 15 级轴流式,其余为 14 级。进口导向叶片和静子叶片均不可调。转子叶片材料为 17－4 PH,静子叶片材料为 410 不锈钢。第 1 级轮盘材料为 AMS6260,第 2~13 级轮盘材料为 410 不锈钢,第 14 级轮盘材料为 17－4 PH。机匣材料为钢,进气机匣材料为铝。

(2) 燃烧室:环管形,由 6 个火焰筒组成;2 个直流火花塞点火器用于点火;可使用天然气、液体燃料或两者的混合燃料(双燃料);火焰筒和外部管路材料为 Hastelloy X;机匣材料为钛合金。

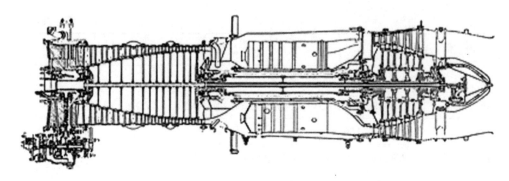

SGT－A05 AE 燃气轮机结构

(3) 涡轮：单轴型为 4 级轴流式，各级用螺栓连接。双轴型共 4 级，前 2 级用于驱动燃气发生器，第 3~4 级用于驱动功率输出轴。工作叶片材料为 In738，叶根为枞树形。系列后续型号的第 1 级工作叶片和导向叶片开始采用空心、空气冷却结构。轮盘材料为 Waspaloy，导向叶片材料为 X－40，机匣材料为 Hastelloy X。工作叶片和导向叶片喷涂用于硫化保护的铝扩散涂层。SGT－A05 KB5 第 1 级工作叶片材料为 MAR－M246，导向叶片材料为 MAR－M509。动力涡轮由涡轮段的最后 2 级涡轮组成，第 1 级工作叶片材料为 In738，第 2 级工作叶片材料为 Waspaloy。轮盘材料为 Waspaloy，导向叶片材料为 X－40，机匣材料为 Hastelloy C。

(4) 附件传动系统：燃气发生器的轴承为 3 个滚棒径向轴承和 2 个滚珠推力轴承。动力涡轮的轴承为 2 个滚棒轴承和 1 个单排滚珠轴承。

2) 性能参数

发电型 SGT－A05 AE 燃气轮机(50/60 Hz) 的主要参数

参　　数	SGT－A05 KB5S	SGT－A05 KB7S	SGT－A05 KB7 HE
功率/MW	4.0	5.4	5.8
效率/%	29.7	32.3	33.2
压比	10.3	13.9	14.1
热耗率/[kJ/(kW·h)]	12 137	11 152	10 848
质量流量/(kg/s)	15.4	21.3	21.4
排气温度/℃	560	494	522
输出转速/(r/min)	14 200	14 600	14 600

发电型 SGT - A05 AE 燃气轮机的尺寸和重量

参　　数	数　　值
长度/mm	9 000
宽度/mm	2 700
高度/mm	3 100
重量/kg	35 000

SGT - A30 RB(工业 RB211)

1. 一般情况

主制造商　英国 Rolls Royce plc. (1965~2014 年);

德国 Siemens Energy(2014 年至今)。

供 应 商　意大利 Altair Clean Air Technology(声学设备);

加拿大 CAE Inc. (燃气轮机数字控制系统);

法国 Chromalloy France(蜂窝段);

南非 Denel Aviation(附件齿轮箱);

美国 Honeywell Aerospace(反推力制动系统、空气涡轮起动机);

美国 Industrial Acoustics Co. (消声系统);

日本 Kawasaki Heavy Industries(KHI), Gas Turbine Division, Akashi Works(低压压气机部件);

美国 Parker Aerospace, Fuel Systems Division(流体管理系统);

美国 Triconex Systems Inc. (控制系统);

美国 Voss Heat Exchange Applied Technology Division(高性能耦合)。

结构形式　简单循环、轴流式、三轴工业航改燃气轮机。

功率等级　SGT - A30 RB 为 27~37 MW, SGT - A35 RB 为 31~37 MW。

现　　状　生产。

产　　量　截至 2020 年末,已安装用于发电和舰船推进的燃气轮机超过 668 台。

改进改型　**SGT - A35 RB**　功率增至 36.8 MW,与 SGT - A30 RB 的外形尺寸相同。

SGT - A30/35 - GT30　由 RB211 - 24GT 燃气发生器和 RT30 动力涡轮构成,是专为油气工业和海上平台领域而研制的轻型航改燃气轮机。

SGT－A30/35－GT61　由 RB211－24GT 燃气发生器和 RT61 动力涡轮构成。

SGT－A30/35－GT62　由 RB211－24GT 燃气发生器和 RT62 动力涡轮构成。

价　　格　发电型 SGT－A30 RB 为 1 100 万美元(2019 年),SGT－A35 RB 为 1 150 万~1 250 万美元(2019 年)。

机械驱动型 SGT－A30 RB 为 900 万~1 000 万美元(2019 年),发电型 SGT－A35 RB 为 1 000 万~1 100 万美元(2019 年)。

应用领域　发电(包括联合循环和热电联供)、机械驱动和舰船推进。

竞争机型　发电领域的竞争机型有通用电气公司的 LM2500/LM2500＋和 MS5002E 燃气轮机、三菱动力株式会社的 H－25 燃气轮机、西门子能源公司的 SGT－700 燃气轮机。

机械驱动领域的竞争机型有通用电气公司的 LM2500＋和 MS5002D 燃气轮机、西门子能源公司的 SGT－700 燃气轮机、三菱动力航改燃气轮机有限责任公司的 FT8 燃气轮机、曙光机械设计科研生产联合体的 UGT－25000 燃气轮机。

2. 研制历程

SGT－A30 RB 燃气轮机由罗尔斯·罗伊斯公司的工业 RB211 燃气轮机改名而来;工业 RB211 燃气轮机于 1965 年开始初始设计,1974 年投入使用;具体研制概况如下表所列。

SGT－A30 RB 燃气轮机研制概况

时 间	研 制 里 程 碑
1965 年	罗尔斯·罗伊斯公司开始工业 RB211 燃气轮机的初始设计
1972 年早期	开始研制工业 RB211 燃气轮机
1974 年 1 月	开始工业 RB211 燃气轮机的初始试验
1974 年	工业 RB211 燃气轮机在加拿大横加油气管线公司首次投入使用
1976 年 12 月	开始研制工业 RB211－24 燃气轮机
1978 年	开始工业 RB211－24 燃气轮机的首次试验
1980 年	工业 RB211－24 燃气轮机首次投入使用
1983 年	开始工业 RB211－24C 燃气轮机的首次试验

续　表

时　间	研 制 里 程 碑
1989 年	开始工业 RB211 燃气轮机干低排放项目研制
1994 年 12 月	世界上首台工业 RB211 燃气轮机干低排放燃烧室在美国太平洋输气公司投入使用
1996 年 6 月	干低排放型工业 RB211 燃气轮机的运行时间达 15 000 h
1999 年	获得美国海军资助的 116.9 万美元用于在工业 RB211 燃气轮机上开展间冷回热循环技术研究
2010 年 6 月	将 RB211 - H63 燃气轮机投放市场
2014 年 12 月	西门子股份公司收购罗尔斯·罗伊斯公司燃气轮机与压缩机业务
2015 年	将工业 RB211 燃气轮机变更名称为 SGT - A30 RB 燃气轮机
2015 年 8 月	将 SGT - A30 - GT30 燃气轮机投放市场
2019 年 7 月	获得墨西哥 3 台 SGT - A35 燃气轮机的订单

3. 结构和性能

1）结构特点

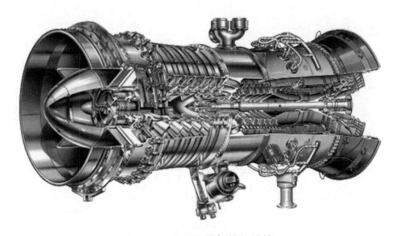

SGT - A30 RB 燃气轮机结构

（1）进气装置：环形进气道采用锥形设计,头部整流装置由轻质合金制成,并采用双层设计,使热空气流过该装置以用于防冰,不锈钢制成的可调进口导向叶片也可用来防冰。

（2）压气机：工业 RB211 燃气轮机取消了航空母型机中的风扇,将原中压压气机变为低压压气机,低压压气机有 7 级钛合金转子叶片,接合到由联锁盘制成的盘鼓上,第 1 级和第 6~7 级材料为含 12%(质量分数)铬的不锈钢,其余为钛;第 1 级转子和静子叶片由航空母型机改进而来,改进了气动性能和强度;机匣由铝合金制造;高压压气机有 6 级,第 1~3 级转子叶片由钛合金制造,第 4 级转子叶片的材料为 Cr－Co 钢,第 5~6 级转子叶片的材料为 Nimonic 901;第 1~2 级转盘由钛合金制造,第 3 级转盘由 Cr－Co 钢制造,第 4~6 级转盘由 In901 制造;外机匣和静子叶片由含 12%(质量分数)铬的不锈钢制造。

(3)燃烧室:环形燃烧室有钢制外机匣和 Nimonic 263 镍铬合金制成的火焰筒,并有 18 个气动雾化喷嘴。

(4)涡轮:高压涡轮为单级轴流式,用于驱动高压轴,工作叶片由枞树形榫头固定在轮盘上,工作叶片和导向叶片采用对流和气膜冷却技术;低压涡轮由航空型 RB211 燃气轮机的中压涡轮改进而成,为单级轴流式,通过内部共轴驱动低压轴。导向叶片为气冷结构。盘、转子和导向叶片使用不同的镍基高温合金材料。

(5)附件传动系统:采用气体燃料系统,底座上安装燃料控制系统、滑油泵和过滤器,同时可选择各种输气管、消声器、过滤器。起动系统采用燃气发生器安装的空气/燃气驱动的起动机(配置转速传感器),可以选用液压马达起动机。其采用双列推力球轴承承受轴向力,主轴承通过挤压油膜得到液压阻尼,标准配置为滚棒/径向轴承。

2)性能参数

发电型 SGT－A35 燃气轮机的主要参数

参　　数	SGT－A35 (GT62) DLE	SGT－A35 (GT61) DLE	SGT－A35 (GT30 34 MW) DLE	SGT－A35 (GT30 34 MW)	SGT－A35 (GT30 38 MW)
频率/Hz	50/60	50/60	50	50	50
功率/MW	31.3	33.9	32.2	32.3	36.8
效率/%	38.3	39.4	37.4	37.6	38.9
压比	22	23	23	23	25
热耗率/[kJ/(kW·h)]	9 400	9 140	9 634	9 548	9 251
质量流量/(kg/s)	98	98	101	101	111
排气温度/℃	485	487	504	499	489
输出转速/(r/min)	4 800	4 850	3 000	3 000	3 000

机械驱动型 SGT - A35 燃气轮机的主要参数

参 数	SGT - A35 （GT62）DLE	SGT - A35 （GT62）	SGT - A35 （GT61）DLE	SGT - A35 （GT61）
功率/MW	32.2	32.5	33.9	34.7
效率/%	39.9	40.3	42.1	41.6
压比	22	22	23	23
热耗率/[kJ/(kW·h)]	9 012	8 950	8 729	8 662
质量流量/(kg/s)	97.7	98.6	97.8	99.2
排气温度/℃	485	481	487	486
输出转速/(r/min)	3 120 - 4 800 - 5 040	3 120 - 4 800 - 5 040	3 153 - 4 850 - 5 093	3 153 - 4 850 - 5 093

联合循环型 SGT - A35 燃气轮机的主要参数

参 数	SGT - A35 （G62）DLE	SGT - A35 （GT62）DLE	SGT - A35 （GT61）DLE
总功率/MW	37.7	39.8	42.6
效率/%	50.2	51.4	52.8
热耗率/[kJ/(kW·h)]	7 175	7 005	6 820

SGT - A35 燃气轮机的尺寸和重量

参 数	发 电 型	机 械 驱 动 型
长度/mm	16 000	9 200
宽度/mm	3 300	4 000
高度/mm	5 400	5 000
重量/kg	150 000	99 000

SGT - A65 TR（工业 Trent）

1. 一般情况

主制造商 英国 Rolls Royce plc.（1992~2014 年）；

德国 Siemens Energy(2014 年至今)。

供 应 商 美国 Arconic Power and Propulsion，Winsted Operations(低压涡轮导向叶片、密封段)；

美国 Cannon‐Muskegon Corp.(压气机转子叶片、镍基单晶高温合金 CMSX‐4、高压涡轮和低压涡轮)；

美国 Collins Aerospace Systems，Aerostructures(内部和外部排气喷管)；

法国 ELDEC France(近程开关)；

巴西 GE Brasil(燃烧室外壳体)；

日本 IHI Corp.(中压压气机盘、中压涡轮工作叶片、低压压气机转子叶片、低压涡轮工作叶片)；

英国 Ionix(线路保护套组件)；

日本 Kawasaki Heavy Industries(KHI)，Gas Turbine Division，Akashi Works(盘、涡轮机匣)；

美国 Ladish Co.(压气机盘和轴锻件)；

美国 Precision Castparts Corp.(PCC)(排气组件外壳、尾轴承外壳)；

法国 Safran Transmission Systems(Hispano‐Suiza)(附件齿轮箱)；

英国 Saint Bemard Plastics(风扇机匣衬垫、噪声控制和叶尖研磨密封)；

美国 Woodward Inc.(燃油计量和控制系统)。

结构形式 轴流式、三轴工业和舰船航改燃气轮机。

功率等级 44~58 MW(发电)。

现　状 生产。

产　量 截至 2020 年初,已制造和安装燃气轮机接近 124 台。

改进改型 **SGT‐A65 干低排放型** 采用干低排放燃烧室降低排放。

SGT‐A65 湿低排放型 采用进气喷雾冷却系统降低环境进气温度和压缩所需的能量。当环境温度超过 7℃时,确保功率更大和效率更高。

SGT‐A45 TR 燃气发生器衍生于工业 Trent 60 燃气轮机,功率为 44 MW,可用于移动电站。

MT30 由工业 Trent 燃气轮机改型研制的舰船推进型。

价　格 干低排放发电型 SGT‐A65 TR 为 1 950 万美元(2019 年),机械驱动型 SGT‐A65 TR 为 2 280 万美元(2019 年)。

应用领域 公用事业和工业发电(包括联合循环和热电联供)、机械驱动、舰船推进。

竞争机型 发电领域的竞争机型为通用电气公司的 LM6000 和 LM9000 燃气轮机;机械驱动领域的竞争机型为通用电气公司的 LM6000PC Sprint 燃气轮机。

2. 研制历程

SGT - A65 TR 燃气轮机由罗尔斯·罗伊斯公司的工业 Trent 燃气轮机改名而来;工业 Trent 燃气轮机于 1992 年 9 月开始研制,1996 年投入使用;具体研制概况如下表所列。

SGT - A65 TR 燃气轮机研制概况

时　　间	研 制 里 程 碑
1992 年 9 月	罗尔斯·罗伊斯公司正式启动工业 Trent 燃气轮机研制项目
1994 年 9 月	开始在加拿大蒙特利尔开展首台工业 Trent 燃气轮机试验
1994 年 12 月	开始将干低排放燃烧技术集成到工业 Trent 燃气轮机上
1996 年第 4 季度	首台工业 Trent 燃气轮机投入使用
1998 年 11 月	获得两台工业 Trent 燃气轮机订单
2004 年	开始在工业 Trent 60 燃气轮机上配置湿低排放燃烧系统
2007 年 10 月	获得澳大利亚阿林塔能源有限公司 1 台工业 Trent 60 燃气轮机的订单
2014 年 12 月	西门子股份公司收购罗尔斯·罗伊斯公司燃气轮机与压缩机业务
2017 年	将工业 Trent 燃气轮机更名为 SGT - A65 TR 燃气轮机
2017 年 3 月	将 SGT - A45 TR 燃气轮机投放市场
2019 年 9 月	获得美国阿斯托里亚发电公司 8 台 SGT - A65 TR 燃气轮机的订单

3. 结构和性能

1) 结构特点

(1) 压气机:SGT - A65 TR 有 2 级低压压气机,并带有可调进口导向叶片,与航空型相比直径较小。对于不同转子叶片有两种形式的安装角,在直驱交流发电时,50 Hz 的工况性能和 60 Hz 的工况性能基本一致。中压压气机有 8 级,并有 3 排可调静子叶片。高压压气机有 6 级,无可调静子叶片。起动和慢车运行过程中,低压和中压压气机之间利用放气来调节流量偏离。

(2) 燃烧室:为干低排放燃烧系统,这种设计同样用于 SGT - A35 RB 型燃气轮机。燃烧系统采用了一系列新技术,例如,采用分级贫油预混燃烧室,使燃气轮机同时实现 NO_x 和 CO 的排放量较低。燃烧室包含 8 个火焰筒。

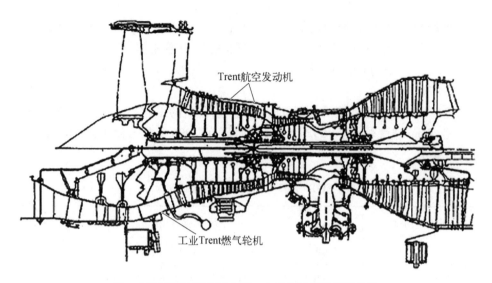

Trent航空发动机

工业Trent燃气轮机

Trent 航空发动机和工业 Trent 燃气轮机的结构比较

（3）涡轮：有 5 级低压涡轮、单级中压涡轮和单级高压涡轮。单级高压涡轮与单级中压涡轮从航空型号中继承而来，只在高压涡轮导向叶片的气膜冷却形式上做了细小的改动。压气机由 5 级低压涡轮直接驱动。与航空型 Trent 相比，第 4~5 级低压涡轮的流路面积较大，出口马赫数较低。

（4）附件传动系统：可采用电液燃油调节系统。

（5）控制系统：伍德沃德公司的控制系统为并行控制式一体化运行的控制系统，具有远程监控功能。该系统称为燃气轮机管理系统，为全权限数字电子控制系统。

2）性能参数

简单循环型 SGT‐A65 TR 燃气轮机的主要参数

参　　数	发电型（50 Hz）		发电型（60 Hz）		机械驱动型
	干低排放型 SGT‐A65 TR	湿低排放型 SGT‐A65 TR	干低排放型 SGT‐A65 TR	湿低排放型 SGT‐A65 TR	
功率/MW	51.5	58.0	51.7	58.0	52.5
压比	33	36	34	36	34
热耗率/[kJ/(kW·h)]	9 021	9 290	9 059	9 279	8 660
质量流量/(kg/s)	151.7	165.7	154.6	162.6	153.1
排气温度/℃	444	423	440	429	440

联合循环型 SGT‑A65 TR 燃气轮机的主要参数

参　　数	50 Hz		60 Hz	
	干低排放型 SGT‑A65 TR	湿低排放型 SGT‑A65 TR	干低排放型 SGT‑A65 TR	湿低排放型 SGT‑A65 TR
总功率/MW	64.0	72.1	64.1	72.5
燃气轮机功率/MW	50	58	50	58
蒸汽轮机功率/MW	14.1	14.1	14.2	14.5
效率/%	53.1	50.2	52.8	50.6
热耗率/[kJ/(kW·h)]	6 427	6 801	6 464	6 750

SGT‑A65 TR 燃气轮机的尺寸和重量

参　　数	发 电 型	机械驱动型
长度/mm	28 000	18 000
宽度/mm	5 000	5 000
高度/mm	12 500	12 500
重量/kg	172 000	66 000

SGT‑100(Typhoon)

1. 一般情况

主制造商　法国 Alstom(1987~2003 年);

　　　　　　德国 Siemens Energy(2003 年至今)。

供 应 商　英国 PCC AETC Ltd.(涡轮熔模铸造转子和静子叶片);

　　　　　　美国 Praxair Surface Technologies(Sermaloy 1515 型高压转子叶片涂层);

　　　　　　德国 Sterling SIHI GmbH(复式泵箱体);

　　　　　　美国 Wood Group Fuel Systems(燃油喷嘴)。

结构形式　简单开式循环、单轴和双轴工业燃气轮机。

功率等级　5~6 MW。

现　　状　生产。

产　　量　截至 2020 年初,已安装燃气轮机 420 台。

改进改型　**SGT-100 单轴型**　应用于发电领域,功率分为 5.1 MW 和 5.4 MW。

　　　　　　SGT-100 双轴型　专用于机械驱动领域。与单轴燃气轮机相比,效率提高 4.9%,功率增至 5.7 MW。

　　　　　　SGT-100 干低排放型　可燃用双燃料的干低排放型。

　　　　　　SGT-100 水喷射或蒸汽喷射型　利用水或蒸汽喷射系统能降低 NO_x 排放水平和增大功率。

价　　格　发电型 5.1 MW 燃气轮机为 340 万美元(2020 年)。

应用领域　发电(包括联合循环)和机械驱动(包括燃气压缩和泵站)。

竞争机型　功率为 5.1 MW 型在发电领域的竞争机型为通用电气公司的 LM500 燃气轮机、索拉涡轮公司的 Taurus 60 燃气轮机。机械驱动领域的竞争机型为索拉涡轮公司的 Centaur 50/50L 燃气轮机。

2. 研制历程

SGT-100 燃气轮机由阿尔斯通公司的 Typhoon 燃气轮机改名而来;Typhoon 燃气轮机于 1987 年 5 月开始研制,1990 年投入使用;具体研制概况如下表所列。

SGT-100 燃气轮机研制概况

时　　间	研 制 里 程 碑
1987 年 5 月	法国阿尔斯通公司开始研制 Typhoon 燃气轮机
1988 年末	批准 6 台首批 Typhoon 燃气轮机;开始在首台燃气轮机上开展方案设计验证
1988 年第 4 季度	开始第 2 台 Typhoon 燃气轮机试验
1989 年初期	开始第 3 台 Typhoon 燃气轮机试验
1990 年	开始在 Typhoon 燃气轮机上配置 Rustronic Mk 2 控制器
1990 年中期	在英国和西班牙投入使用首批 Typhoon 燃气轮机
1992 年	将功率为 4.5 MW 的 Typhoon 燃气轮机投放市场
1995 年中期	将双轴型 Typhoon M 燃气轮机投放市场
1995 年	将功率增大至 4.9 MW 的 Typhoon 燃气轮机投放市场
1997 年	售出首台管线压缩型 Typhoon 燃气轮机
1997 年末期	Typhoon 燃气轮机功率等级达到 4.3 MW、4.7 MW 和 5.3 MW
1999 年 9 月	售出 Typhoon 燃气轮机数量达 260 台
2003 年 8 月	西门子股份公司收购阿尔斯通公司位于美国林肯市(Lincoln)和法国弗朗什-孔泰的燃气轮机业务
2004 年 11 月	西门子股份公司重新调整整个燃气轮机生产线,将 Typhoon 燃气轮机更名为 SGT-100 燃气轮机

续　表

时　间	研 制 里 程 碑
2008 年 9 月	在瑞典成功完成 SGT‐100 燃气轮机生物质整体气化联合循环示范运行
2013 年 8 月	指定英国伍德集团为 SGT‐100 燃气轮机的售后服务商
2017 年 1 月	获得伊朗 4 台机械驱动用 SGT‐100 燃气轮机的订单

3.结构和性能

1）结构特点

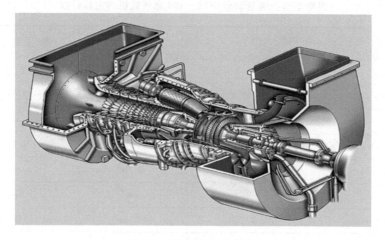

SGT‐100 燃气轮机结构

（1）压气机：10 级轴流式跨声速、低展弦比设计；可调进口导向叶片和静子叶片为标准型，确保平稳起动和部分载荷状态下的维修性；双轴型的低压级可移除。

（2）燃烧室：环管形,6 个贫油回流火焰筒对称分布于机匣内；燃料系统可燃用天然气或液态燃料,双燃料系统在工作过程中可自动切换；2 个高能独立式点火电嘴,易于将火焰筒间的点火贯通；带有蒸汽或水喷射系统,以降低 NO_x 排放；传统燃烧系统带有 2 个可伸缩式高能点火电嘴,将火焰筒间的点火贯通；干低排放燃烧系统的每个火焰筒内都带有 1 个独立的高能点火电嘴,可通过喷射蒸汽增大功率；SGT‐100 燃气轮机可燃用单燃料或双燃料。

（3）涡轮：动力涡轮为 2 级悬臂安装跨声速涡轮,第 1 级带空气冷却,2 级叶片均带冠；叶片均采用 In939 材料,带 Sermaloy J 涂层。

（4）附件传动系统：燃油系统可选用天然气、液态燃料或双燃料,使用双燃料时可在机组的任意载荷下自动切换燃料；一体化无机滑油系统安装在底盘上,滑油由减速箱驱动的泵提供,还安装了交流电机驱动的辅助泵和直流电机驱动的应急泵;起动系统可以使用气体膨胀机;前后润滑过程是由交流电机的埋入式泵完成的;当停车或交流电机驱动的泵失效时,燃气轮机将由直流电机驱动的泵实现保护;由 2 个可倾瓦径向轴承和 1 个双向可倾瓦推力轴承支承;在发电和热电联供领域,设备能够实现冷端驱动,通过 Voith 行星减速齿轮箱将输出转速从 16 570 r/min 或 17 400 r/min 降至 1 500 r/min 或 1 800 r/min。

(5) 控制系统:采用基于 Rustronic 系列 2000 PLC 的可编程微处理器和监控系统,具有交互式显示功能;较新的机组采用 Rustronic 系列 3000 PLC 系统。

2) 性能参数

发电型和机械驱动型 SGT‑100 燃气轮机的主要参数

参　　数	发　电　型		机 械 驱 动 型
功率/MW	5.1	5.4	5.7
效率/%	30.1	30.2	33.5
压比	14.0	15.6	14.4
热耗率/[kJ/(kW·h)]	11 945	11 913	10 762
质量流量/(kg/s)	19.5	21.0	—
排气温度/℃	544	549	544
输出转速/(r/min)	17 384	17 384	6 500 - 13 000 - 13 650

发电型和机械驱动型 SGT‑100 燃气轮机的尺寸和重量

参　　数	发　电　型	机 械 驱 动 型
长度/mm	11 900	6 900
宽度/mm	2 700	2 700
高度/mm	4 000	4 900
重量/kg	34 927	26 944

SGT‑200(Tornado)

1. 一般情况

主制造商　法国 Alstom(1977~2003 年);

德国 Siemens Energy(2003 年至今)。

供 应 商	意大利 Altair Clean Air Technology(声学设备);
	德国 Voith Turbo GmbH & Co. KG(PT 90 SP 型齿轮装置);
	美国 Wood Group Fuel Systems(燃油喷嘴)。
结构形式	轴流式、单轴和双轴工业燃气轮机。
功率等级	6~8 MW。
现 状	生产。
产 量	截至 2020 年初,已售出燃气轮机 430 多台。
改进改型	**SGT‑200 单轴型**　功率为 6.8 MW,适用于热电联供或联合循环发电。
	SGT‑200 双轴型　功率为 7.7 MW,适用于机械驱动领域。
	SGT‑200 干低排放型　配置带预混燃烧室的干低排放系统,符合欧洲联盟(简称欧盟)的 NO_x 排放标准。
	SGT‑200 蒸汽喷射型　将高压蒸汽喷射到燃烧室,以降低 NO_x 的排放水平。
价 格	配置燃气轮机发电装置的为 377 万美元(2018 年),配置燃气轮机机械驱动装置的为 480 万美元(2018 年)。
应用领域	发电(包括热电联供)和机械驱动(包括燃气压缩和泵站)。
竞争机型	发电领域的竞争机型有川崎重工业株式会社的 M7A‑02 燃气轮机、索拉涡轮公司的 Taurus 70 燃气轮机、曙光机械设计科研生产联合体的 UGT‑6000 燃气轮机。机械驱动领域的竞争机型为索拉涡轮公司的 Taurus 70 燃气轮机。

2. 研制历程

SGT‑200 燃气轮机由阿尔斯通公司的 Tornado 燃气轮机改名而来;Tornado 燃气轮机于 1977 年开始研制,1982 年投入使用;具体研制概况如下表所列。

SGT‑200 燃气轮机研制概况

时 间	研 制 里 程 碑
1977 年	法国阿尔斯通公司开始研制 Tornado 燃气轮机
1982 年	首台生产型 Tornado 燃气轮机投入使用
1993 年	在 Tornado 燃气轮机湿/干低 NO_x 燃烧系统上完成 600 h 试验台试验
1996 年	开始在 Tornado 燃气轮机上配置低 NO_x 火焰筒
2003 年 8 月	西门子股份公司收购阿尔斯通公司位于美国林肯市和法国弗朗什-孔泰的燃气轮机业务

续　表

时　间	研制里程碑
2004 年 11 月	将 Tornado 燃气轮机更名为 SGT-200 燃气轮机
2004 年末期	向阿尔及利亚交付公司生产的第 35 台 SGT-200 燃气轮机
2013 年 8 月	指定英国伍德集团为 SGT-200 燃气轮机的售后服务商
2018 年 3 月	利用 SGT-200 燃气轮机进行管线增压的澳大利亚液化天然气项目开始投产

3. 结构和性能

1）结构特点

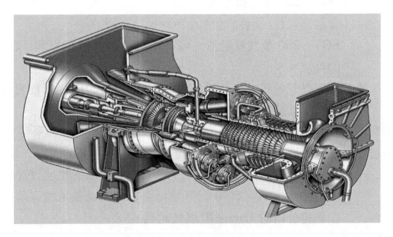

SGT-200 燃气轮机结构

（1）压气机：15 级轴流式，亚声速设计；压气机的转子叶片和静子叶片采用 17-4 PH 制造；轮盘采用 Jethete M-152[1.5% Ni-Cr-Mo 钢（1.5% 为三种金属的总质量分数）] 锻造而成；铸铁的压气机机匣水平对开，易于检修；进口导向叶片可调，确保起动和部分载荷的稳定性；单轴型燃气轮机的压气机静子为分段式设计。

（2）燃烧室：环管形，有 8 个回流式火焰筒，带联焰管；机匣采用纵向分段结构，便于检修；火焰筒由 Nimonic 75 制造，采用气膜冷却。传统燃烧室带有 2 个可伸缩的高能点火电嘴。对于干低排放燃烧室，每个火焰筒内安装高能点火电嘴。单轴设备可选用蒸汽喷射来增大功率。

（3）涡轮：2 级。单轴和双轴型均为悬臂式安装，2 级工作叶片均为气冷式。单轴型燃气轮机的动力涡轮与燃气发生器涡轮机械耦合。双轴型燃气轮机有 2 级高效自由动力涡轮，第 2 级工作叶片带互锁凸台。从驱动设备端角度，动力涡轮为逆时针方向旋转。2 级工作叶片由 In713LC 实心铸造，叶片不带冠。标准型为每联 4 个导向叶片。轮盘由奥氏体铬钢(FV 488E)制造,用 1 根中心螺栓连接。导向叶片是 In713LC 铸件。

(4)附件传动系统:两种机型均可燃用天然气或馏分燃料,具有燃用双燃料能力,同时可以选用非标准燃料,能够在任何运行情况下从一种燃料切换到另一种燃料;可以应用单一燃料或双燃料干低排放燃烧系统,通过调节可调导向叶片进行部分载荷时的排放控制。传统燃烧系统中还可应用蒸汽或水喷射系统进行排放控制。滑油系统标准设备包括完整的滑油系统、齿轮箱驱动泵、交流电机驱动泵和直流电机驱动应急泵。起动系统通常由变速交流电机起动。轴承采用标准可倾瓦径向轴承和可倾瓦推力轴承。单轴型燃气轮机采用整体式减速齿轮箱进行热端驱动。双轴型燃气轮机无需齿轮箱就可以直接驱动压气机。其他机械驱动型燃气轮机也可选用齿轮箱。

(5)控制系统:基于 Rustronic 系列 3000 PLC 系统进行控制。

2)性能参数

发电型和机械驱动型 SGT‑200 燃气轮机的主要参数

参　　数	发　电　型	机 械 驱 动 型
功率/MW	6.8	7.7
压比	12.3	12.6
热耗率/[kJ/(kW·h)]	11 419	10 745
质量流量/(kg/s)	29.0	29.45
排气温度/℃	466	489
输出转速/(r/min)	11 050[①]	11 500[②]

注:①压气机标称转速;②输出转速。

SGT‑200 燃气轮机的尺寸和重量

参　　数	发　　电		压缩机设备	泵站设备
长度/mm	12 500(带机组固定控制系统)		10 500	10 400
	10 900(不带机组固定控制系统)			
宽度/mm	2 400		2 400	2 400
高度(至箱装体顶部)/mm	3 300		3 400	3 400
重量/kg	56 250		43 000	38 000

SGT - 300(Tempest)

1. 一般情况

主制造商 法国 Alstom(1995~2003 年);

　　　　　德国 Siemens Energy(2003 年至今)。

供 应 商 美国 UTC Aerospace Systems, Engine Components(多通道燃油喷嘴)。

结构形式 轴流式、单轴或双轴工业燃气轮机。

功率等级 7~10 MW。

现　　状 生产。

产　　量 截至 2020 年初,已生产和安装燃气轮机 150 多台。

改进改型 SGT - 300 MD　专用于机械驱动领域的双轴型,衍生于单轴型 SGT - 300 燃气轮机,功率分为 8.4 MW 和 9.1 MW 两种等级。

　　　　　SGT - 300 2S　双轴型,功率为 8 MW。

价　　格 配置燃气轮机发电装置的为 540 万美元(2018 年)。

应用领域 发电(包括热电联供和开式循环装置)和机械驱动。

竞争机型 竞争机型有索拉涡轮公司的 Taurus 70 燃气轮机、曙光机械设计科研生产联合体的 UGT - 6000+燃气轮机。

2. 研制历程

SGT - 300 燃气轮机由阿尔斯通公司的 Tempest 燃气轮机改名而来;Tempest 燃气轮机于 1995 年开始研制,1996 年末期投入使用;具体研制概况如下表所列。

SGT - 300 燃气轮机研制概况

时　间	研 制 里 程 碑
1995 年	法国阿尔斯通公司开始采用将 Typhoon 燃气轮机按比例放大的方法研制 Tempest 燃气轮机
1996 年末期	在土耳其首次投入使用两台 Tempest 燃气轮机
2001 年	将 Tempest 燃气轮机的功率增至 7.9 MW
2003 年 8 月	西门子股份公司收购阿尔斯通公司位于美国林肯市和法国弗朗什-孔泰的燃气轮机业务
2004 年 11 月	西门子股份公司重新调整燃气轮机生产线,将 Tempest 燃气轮机更名为 SGT - 300 燃气轮机
2005 年 1 月	将首台功率为 7.9 MW 的 SGT - 300 燃气轮机推向俄罗斯市场

续 表

时 间	研 制 里 程 碑
2012 年 11 月	将功率为 8.4 MW 的 SGT – 300 MD 燃气轮机投放市场
2016 年	将 SGT – 300 2S 燃气轮机投放市场
2016 年 9 月	首次售出 2 台 SGT – 300 2S 燃气轮机
2017 年初期	将功率为 9.2 MW 的 SGT – 300 MD 燃气轮机投放市场
2017 年 3 月	在中国获得 SGT – 300 燃气轮机的首批 3 台机组订单,其中 2 台将首次应用于中国造纸行业
2018 年 6 月	弃用 SGT – 300 MD 和 SGT – 300 2S 燃气轮机名称,只保留 7.9 MW 的单轴发电型以及 8.4 MW 和 9.1 MW 的双轴机械驱动型

3. 结构和性能

1) 结构特点

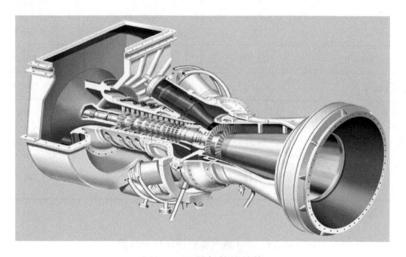

SGT – 300 燃气轮机结构

(1) 压气机:10 级轴流式,跨声速设计,是 Typhoon 燃气轮机压气机的按比例放大型。进口导向叶片和静子叶片可调。

(2) 燃烧室:环管形,6 个回流火焰筒分布于高压压气机外部,每个火焰筒内部都安装了可伸缩的高能点火电嘴。SGT – 300 采用燃用单燃料或双燃料的干低排放燃烧系统,具有较低的 NO_x 排放水平,可利用蒸汽喷射进一步增大功率。

(3) 涡轮:高压涡轮工作叶片喷涂抗腐蚀、防氧化涂层,采用熔模精密铸造。利用压气机引气通过双重、三通道对工作叶片进行冷却。第 1、2 级转子也利用压气机引气进行冷却。第 2 级低压涡轮工作叶片无须冷却。动力涡轮为 2 级悬臂式安装结构,跨声速设计。

（4）附件传动系统：燃油系统可燃用天然气或馏分燃料,具有燃用双燃料的能力,在工作过程中能够根据不同载荷自动切换燃料。滑油系统标准型包括完整的滑油系统、齿轮箱驱动泵、交流电机驱动泵和直流电机驱动应急泵。起动系统可通过变速交流电机起动。轴承采用标准可倾瓦径向轴承和可倾瓦推力轴承。齿轮箱通过整体式圆周减速齿轮带动冷端设备工作。

（5）控制系统：采用 Rustronic 系列 3000 PLC 系统进行控制。

2）性能参数

SGT - 300 燃气轮机的主要参数

参　　数	发 电 型	机 械 驱 动 型	
功率/MW	7.9	8.4	9.1
效率/%	30.8	35.3	36.0
压比	13.7	13.5	14.1
热耗率/[kJ/(kW·h)]	11 704	10 204	10 003
质量流量/(kg/s)	30.2	29.5	30.4
排气温度/℃	543	490	504
输出转速/(r/min)	14 045	5 750 - 11 500 - 12 075	5 750 - 11 500 - 12 075
NO$_x$ 排放[15% O$_2$(体积分数)][1]/ppm	≤15	≤15	≤15

注：① 干低排放型,燃用天然气。

SGT - 300 燃气轮机的尺寸和重量

参　　数	发 电 型	机 械 驱 动 型
长度/mm	11 700	6 900
宽度/mm	2 900	2 900
高度/mm	3 500	3 500
重量/kg	59 349	30 409

注：所有参数不包括进气过滤器壳体、排气管。发电装置包括交流发电机,机械驱动装置不包括驱动设备。

SGT - 400(Cyclone)

1. 一般情况

主制造商　法国 Alstom(1997~2003 年);

德国 Siemens Energy(2003 年至今)。

结构形式　轴流式、双轴工业燃气轮机。

功率等级　10~15 MW。

现　　状　生产。

产　　量　截至 2019 年末,已安装燃气轮机 390 多台。

改进改型　**SGT - 400 机械驱动型**　功率分别为 10.8 MW、13.8 MW、14.9 MW。在驱动大部分压缩装置时,无需齿轮箱。

SGT - 400 发电型　功率分别为 10.5 MW、12.9 MW、14.3 MW,发电频率为 50 Hz 或 60 Hz。

SGT - 400 移动发电型　功率为 12.9 MW,安装于移动拖车上。

SGT - 400 浮式生产储油卸油轮型　适用于油气工业领域。

价　　格　配置燃气轮机发电装置的为 600 万~620 万美元(2018 年)。配置燃气轮机机械驱动装置的为 635 万~675 万美元(2018 年)。

应用领域　发电(包括简单循环热电联供)和机械驱动。

竞争机型　在发电和机械驱动领域;竞争机型有索拉涡轮公司的 Mars 100 燃气轮机以及曙光机械设计科研生产联合体和土星科研生产联合体股份公司的同等功率级燃气轮机。

2. 研制历程

SGT - 400 燃气轮机由阿尔斯通公司的 Cyclone 燃气轮机改名而来;Cyclone 燃气轮机于 1997 年开始研制,2001 年投入使用;具体研制概况如下表所列。

SGT - 400 燃气轮机研制概况

时　间	研制里程碑
1997 年 6 月	法国阿尔斯通公司开始采用将 Tempest 燃气轮机按比例放大的方法研制 Cyclone 燃气轮机
2001 年 8 月	Cyclone 燃气轮机首次在北美开始投入使用
2003 年 8 月	西门子股份公司收购阿尔斯通公司位于美国林肯市和法国弗朗什-孔泰的燃气轮机业务
2004 年 11 月	西门子股份公司重新调整燃气轮机生产线,将 Cyclone 燃气轮机更名为 SGT - 400 燃气轮机

续　表

时　间	研 制 里 程 碑
2014 年 1 月	向中国广州发展鳌头分布式能源站投资管理有限公司提供两台 SGT－400 燃气轮机
2017 年 3 月	开始在 SGT－400 燃气轮机上采用粉末状耐高温多晶镍高温合金制成的 3D 打印涡轮叶片

3. 结构和性能

1）结构特点

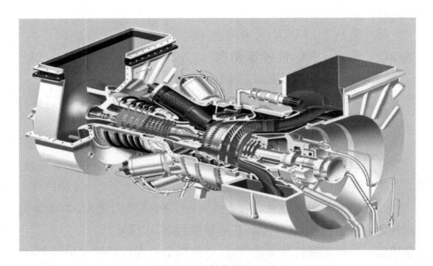

SGT－400 燃气轮机结构

（1）压气机：轴流式，在 Tempest 燃气轮机压气机的基础上增加"零"级，为 11 级，跨声速设计。进口导向叶片和第 1~4 级静子叶片可调。

（2）燃烧室：环管形，有 6 个回流火焰筒，分布于压气机外部，每个火焰筒内都安装有高能点火电嘴；可燃用双燃料，工作时根据不同载荷需要自动切换燃料；采用干低排放燃烧系统，可选用蒸汽喷射系统增大功率。

（3）涡轮：高压涡轮为 2 级轴流式，悬臂式安装结构，采用先进的冷却技术，每级工作叶片和导向叶片均由压气机引气冷却到理想温度，叶片不带冠；动力涡轮为 2 级，从排气后端向前看，转子逆时针旋转，与燃气发生器旋转方向相同。

（4）附件传动系统：滑油系统为一体式，包括辅助齿轮箱驱动泵、交流电机驱动泵和直流电机驱动应急泵；起动系统可通过交流电机驱动液压系统；采用标准可倾瓦径向轴承和可倾瓦推力轴承；减速齿轮箱与发电机成一体，用于机械驱动时，能够直接驱动设备，而无需齿轮箱。

（5）控制系统：采用 Rustronic 系列 3000 PLC 系统进行控制。

2）性能参数

SGT-400 燃气轮机的主要参数

参　　　数	发　电　型			机　械　驱　动　型		
功率/MW	10.5	12.9	14.3	10.8	13.8	14.9
效率/%	35.4	34.8	35.6	36.8	36.8	37.1
压比	16.1	16.9	18.5	16.0	16.9	18.5
热耗率/[kJ/(kW·h)]	10 173	10 354	10 103	9 744	9 790	9 702
质量流量/(kg/s)	34.2	40.0	44.5	34.2	40.6	44.5
排气温度/℃	510	555	529	510	543	529
输出转速/(r/min)	11 500	9 500	9 500	5 750 - 11 500 - 12 075	4 750 - 9 500 - 9 975	4 750 - 9 500 - 9 975
NO$_x$ 排放[15% O$_2$(体积分数)][1]/ppm	≤15	≤15	≤15	≤15	≤15	≤15

注：① 干低排放型，燃用天然气。

SGT-400 燃气轮机的尺寸和重量

参　　　数	发电型	机械驱动型(10.8 MW)	机械驱动型(13.8 MW 和 14.9 MW)
长度/mm	14 000	30 409	40 000
宽度/mm	3 100	6 900	7 300
高度/mm	4 300	2 900	3 100
重量/kg	83 825	3 500	4 300

注：所有参数不包括进气过滤器壳体、排气管。发电装置包括交流发电机，机械驱动装置不包括驱动设备。

SGT-500(GT35)

1. 一般情况

主制造商　法国 Alstom(1954~2003 年)；

德国 Siemens Energy(2003 年至今)。

供 应 商　瑞典 Trestad Svets AB(火焰筒头部)。

结构形式　　轴流式、双轴工业燃气轮机。

功率等级　　14~18 MW。

现　　状　　生产。

产　　量　　截至 2020 年初,已生产和安装燃气轮机至少 175 台。

改进改型　　GT35C　GT35 的首次升级型,初始功率为 15.1 MW(燃用天然气)和 14.5 MW(燃用馏分油)。

　　　　　　GT35C2　发电功率增至 17~17.3 MW,频率为 50 Hz 和 60 Hz。

　　　　　　GT35P　发电功率为 17 MW,为增压流化床燃烧联合循环燃煤型。

　　　　　　SGT-500 移动发电型　能够将发电机组运送至偏远地区发电。

　　　　　　SGT-500 舰船推进型　可用作商用船只的推进动力。

价　　格　　配置燃气轮机发电装置的为 840 万美元(2018 年)。配置燃气轮机机械驱动装置的为 960 万美元(2018 年)。

应用领域　　公用事业和工业发电(尤其适用于基本载荷发电)、机械驱动(包括燃气压缩)、曾用于舰船推进(1995~1997 年安装 6 台)。

竞争机型　　竞争机型有通用电气公司的 LM1600(注蒸汽型)燃气轮机、川崎重工业株式会社的 L20A 燃气轮机以及曙光机械设计科研生产联合体的 UGT-15000 燃气轮机、UGT-16000 燃气轮机。

2. 研制历程

SGT-500 燃气轮机由阿尔斯通公司的 GT35 燃气轮机改名而来;GT35 燃气轮机于 1954 年开始研制,1956 年投入使用;具体研制概况如下表所列。

SGT-500 燃气轮机研制概况

时　间	研 制 里 程 碑
1954 年	法国阿尔斯通公司开始研制 GT35 燃气轮机
1956 年	GT35 燃气轮机投入使用
1982 年 10 月	向沙特阿拉伯王国交付首批 3 台移动发电型 GT35 燃气轮机
1983 年	开始生产 GT35C 燃气轮机
1986 年	获得西班牙首台 GT35P 燃气轮机的订单
1989 年	首台增压流化床联合循环 GT35P 燃气轮机在瑞典投入使用
1993 年	首台采用干低排放技术的机械驱动型 GT35 燃气轮机在德国投入使用
1993 年	将机械驱动型 GT35 燃气轮机在国际标准环境条件下的功率增至 17 MW

续　表

时　间	研 制 里 程 碑
1996 年中期	以 GT35 燃气轮机作为推进动力的瑞典斯坦纳航运公司(Stena Line)的首艘高速渡船投入使用
2001 年 5 月	GT35C2 燃气轮机获得用于轻体船推进动力的型号合格证
2003 年 8 月	西门子股份公司收购阿尔斯通公司位于美国林肯市和法国弗朗什-孔泰的燃气轮机业务
2004 年 11 月	西门子股份公司重新调整燃气轮机生产线,将 GT35 燃气轮机更名为 SGT‐500 燃气轮机
2006 年 9 月	SGT‐500 燃气轮机获得可燃用重油的初步批准
2014 年	以 SGT‐500 燃气轮机作为推进动力的斯坦纳航运公司的最后两艘高速渡船因运营成本问题而停运
2017 年 10 月	获得沙特阿拉伯生物酸公司 1 台 SGT‐500 燃气轮机的订单

3. 结构和性能

1）结构特点

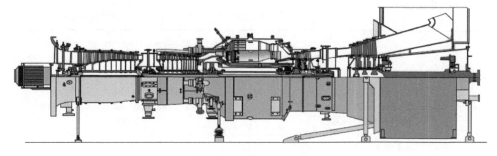

SGT‐500 燃气轮机结构

（1）压气机：低压压气机为 10 级轴流式,由 3 级轴流式低压涡轮驱动;高压压气机为 10 级轴流式。

（2）燃烧室：环管形,有 7 个火焰筒,每个火焰筒均带有 1 个雾化喷嘴。燃烧室容热强度在不移动燃烧室管路的情况下,可在 15 min 内完成喷嘴替换;能使用双燃料,其良好的冷却性能使热变形降到最小;采用阿西布朗勃法瑞公司研制的双锥体环保驻涡燃烧室,水或蒸汽喷射到燃烧室中,能降低 NO_x 的排放水平。

（3）涡轮：高压涡轮为单级轴流式,驱动高压压气机,工作叶片由 In738 熔模铸造,导向叶片材料为 X‐40;低压涡轮为两级轴流式,驱动高压压气机,由 80 个 Udimet 500 工作叶片和 80 个导向叶片组成;动力涡轮有 2 级型或 3 级型动力涡轮 2 种形式。2 级型动力涡轮的工作叶片和导向叶片分别由 Ni 90 和 X‐40 制造,3

级型动力涡轮的工作叶片和导向叶片则由 H46 制造。

2) 性能参数

SGT － 500 燃气轮机的主要参数

参　数	发　电　型	机械驱动型
功率/MW	17.0	17.4
效率/%	32.1	32.8
压比	12	12
热耗率/[kJ/(kW·h)]	11 180	10 976
质量流量/(kg/s)	92.3	92.4
涡轮进口温度/℃	850	—
排气温度/℃	375	376
输出转速/(r/min)	3 600	3 450
NO$_x$ 排放/ppm	<25	<25
	<50(液体燃料)	<50(液体燃料)

SGT － 500 燃气轮机的尺寸和重量

参　数	数　值
长度(箱装体)/mm	24 650
宽度/mm	7 000
高度(排气管)/mm	9 600
重量/kg	26 000

SGT － 600/700/750(GT10B/C)

1. 一般情况

主制造商　法国 Alstom(1980~2003 年);

　　　　　　德国 Siemens Energy(2003 年至今)。

供 应 商　美国 BASF AG (氧化催化剂);

　　　　　　德国 BHS Getriebe GmbH, Voith(附件齿轮箱);

　　　　　　瑞典 Camfil Industrifilter AB(进气过滤器和声学箱装体);

瑞典 Trestad Svets AB(燃烧室);

德国 Voith Turbo GmbH & Co. KG(可变转速扭矩变换器)。

结构形式　轴流式、双轴工业燃气轮机。

功率等级　24~41 MW。

现　　状　生产。

产　　量　截至 2020 年初,已交付 SGT-600 燃气轮机 350 台,SGT-700 燃气轮机 85 台,SGT-750 燃气轮机产量有限。

改进改型　GT10　初始型号名称。

　　　　　　GT10B　GT10 的首次生产改进型。

　　　　　　GT10C　增加了零级压气机、新型环保驻涡低 NO_x 火焰筒(干状态燃用燃气条件下 NO_x 排放小于 15 ppm)。

价　　格　配置 SGT-600 燃气轮机发电装置的为 1 280 万美元(2020 年);配置 SGT-600 燃气轮机机械驱动装置的为 1 130 万美元(2020 年)。配置 SGT-750 燃气轮机发电装置的为 1 400 万美元(2020 年);配置 SGT-750 燃气轮机机械驱动装置的为 1 680 万美元(2020 年)。

应用领域　公用事业和工业发电(包括热电联供和联合循环)、机械驱动(包括燃气压缩),曾宣传可用于舰船推进。

竞争机型　发电和机械驱动用 SGT-600/700/750 燃气轮机的竞争机型有通用电气公司的 LM2500 和 MS5001 燃气轮机、三菱动力株式会社的 H-25 燃气轮机、西门子能源公司的 SGT-A35 RB 燃气轮机、曙光机械设计科研生产联合体的 UGT-25000 燃气轮机、三菱动力航改燃气轮机有限责任公司的 FT8 燃气轮机。

2. 研制历程

SGT-600/700 燃气轮机由阿尔斯通公司的 GT10B/C 燃气轮机改名而来;GT10B 燃气轮机于 1991 年末期投放市场,1991 年投入使用;GT10C 燃气轮机于 1994 年开始研制,2004 年投入使用;SGT-750 燃气轮机于 2010 年投放市场,2013 年投入使用;具体研制概况如下表所列。

SGT-600/700/750 燃气轮机研制概况

时　间	研　制　里　程　碑
1980 年第 2 季度	法国阿尔斯通公司开始制造首台 GT10 燃气轮机原型机
1981 年第 1 季度	完成第 1 阶段 GT10 燃气轮机试验
1984 年 9 月	向英国出售首台 GT10 燃气轮机

续　表

时　　间	研　制　里　程　碑
1991 年末	将 GT10B 燃气轮机投放市场
1991 年	首台干低 NO$_x$ 排放型 GT10B 燃气轮机在瑞典投入使用
1994 年	开始在 GT10B 燃气轮机基础上研发升级版的 GT10C 燃气轮机
2000 年 2 月	干低排放型 GT10 燃气轮机累计运行 100 万小时
2002 年 4 月	将功率为 30 MW 的 GT10C 燃气轮机投放市场
2002 年 11 月	获得埃及塞得港(Port Said)天然气液化项目首台 GT10C 燃气轮机的订单
2003 年 8 月	西门子股份公司收购阿尔斯通公司位于美国林肯市和法国弗朗什-孔泰的燃气轮机业务
2004 年第 3 季度	首台 GT10C 燃气轮机在塞得港天然气液化项目中投入使用
2004 年 11 月	西门子股份公司重新调整燃气轮机生产线,将 GT10B 和 GT10C 分别更名为 SGT-600 和 SGT-700 燃气轮机
2007 年	通过优化设计将 SGT-700 燃气轮机功率提升至 31 MW
2010 年 11 月	将 SGT-750 燃气轮机投放市场
2012 年	通过设计改进并融入 3D 打印等新型制造技术,将 SGT-700 燃气轮机功率提升至 32.8 MW
2013 年 10 月	向德国北溪管道项目交付首台热电联供用 SGT-750 燃气轮机
2017 年 7 月	全球首款 3D 打印的 SGT-700 燃气轮机火焰筒在德国菲利普斯塔尔的联合循环电厂投入使用
2018 年 4 月	获得中国广州发展集团股份有限公司两台 SGT-700 燃气轮机订单
2020 年 11 月	中国首台 SGT-700 燃气轮机在广州发展集团股份有限公司的太平能源站点火成功

3. 结构和性能

1) 结构特点

(1) 进气装置:皮托管式环形进气道,带 4 个支板。

(2) 压气机:轴流式,SGT-600 为 10 级,SGT-700 为 11 级,SGT-750 为 13 级,前两级为跨声速;轮盘采用电子束焊;进口导向叶片和第 1 级静子叶片可调,确保起动和部分载荷状态下的性能最优;转子叶片采用 13%(质量分数)Cr 钢,静子叶片采用 18∶8 的钢和 Nimonic 75;高压压气机盘采用 Nimonic 901;机匣水平对开。

(3) 燃烧室:为单个、贯通式、高效环形设计;1 个点火器和 18 个燃油喷嘴,可燃用多种燃料,允许带载荷切换燃料;SGT-600/700/750 有 1 个阿尔斯通/阿西布

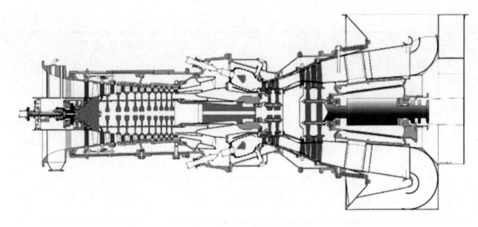

SGT - 700 燃气轮机结构

朗勃法瑞公司设计的双圆锥形环保驻涡燃烧器;SGT - 750 燃烧系统由 8 个环管构成,环管为双层、连续冷却设计,8 个过渡段为双层、平行冷却设计,适于燃用液体和气体燃料。

（4）涡轮:高压涡轮为 2 级轴流式,第 1 级采用内部冲击和气膜冷却,第 2 级仅采用内部冲击冷却;导向叶片采用 In939 熔模铸造,工作叶片材料为 In738;轮盘材料为 In792;动力涡轮为 2 级轴流式,叶片不冷却,转子悬臂支承,工作叶片采用 In738 材料;导向叶片第 1 级采用 In939 材料,第 2 级采用 X45 合金;热端部件大量采用垂直对开结构,便于维修。

（5）附件传动装置:2 个可倾瓦径向轴承和 1 个可倾瓦推力轴承,由德国 BHS 公司制造。

2）性能参数

SGT - 600/700/750 燃气轮机的主要参数

参　　数	发　电　型				机　械　驱　动　型				
	SGT - 600	SGT - 700		SGT - 750	SGT - 600	SGT - 700		SGT - 750	
功率/MW	24.5	32.8	35.2	39.8	25.2	33.7	36.2	34.0	41.0
效率/%	33.6	37.2	38.0	40.3	34.6	38.2	39.0	40.4	41.6
压比	14.0	18.7	20.4	24.3	14.0	18.7	20.4	21.9	24.3
热耗率/[kJ/(kW·h)]	10 720	9 675	9 466	8 922	10 390	9 230	9 424	8 912	8 661
质量流量/(kg/s)	81.3	95.0	98.7	115.4	81.3	95.0	98.7	107.5	115.4

续　表

参　　数	发 电 型				机 械 驱 动 型				
	SGT-600	SGT-700		SGT-750	SGT-600	SGT-700		SGT-750	
排气温度/℃	543	533	531	468	543	533	531	439	468
输出转速/(r/min)	7 700	6 500	6 500	6 100	3 850-8 085	3 250-6 500-6 825	3 250-6 500-6 825	3 850-8 085	3 850-8 085
NO_x 排放 (15% O_2)[①]/ppm	≤9	≤15	≤15	≤9	≤9	≤15	≤15	<9	<9

注：① 干低排放型,燃用天然气。

联合循环型 SGT-600/700/750 燃气轮机的主要参数

参　　数	SCC-600	SCC-600	SCC-700		SCC-700		SCC-750	SCC-750
发电装置配置	1+1	2+1	1+1		2+1		1+1	2+1
净功率/MW	36.5	74.2	46.7	49.8	92.6	100	52.1	104.8
燃气轮机功率/kW	24.5	49.0	32.8	35.2	65.6	70.4	39.8	79.6
蒸汽轮机功率/kW	12.0	25.2	13.9	14.6	27	29.6	12.3	25.2
效率/%	50.7	51.6	54.2	54.5	53.7	54.7	53.9	54.1
净热耗率(低热值)/[kJ/(kW·h)]	7 105	6 981	6 648	6 609	6 703	6 576	6 685	6 651

SGT-600/700/750 燃气轮机的尺寸和重量

参　数	发 电 型				机 械 驱 动 型		
	SGT-600	SGT-700 (32.8 MW)	SGT-700 (35.2 MW)	SGT-750	SGT-600	SGT-700	SGT-750
长度/mm	18 800	18 800	18 800	20 300	11 700	11 700	12 800
宽度/mm	4 600	4 600	4 600	4 800	4 000	4 000	4 300
高度/mm	4 000	4 000	4 000	4 100	4 000	4 000	4 100
重量/kg	152 000	169 193	169 755	175 000	61 000	63 050	76 000

注：所有参数不包括进气过滤器壳体、排气管。发电装置包括交流发电机,机械驱动装置不包括驱动设备。

SGT－800（GTX100）

1. 一般情况

主制造商　法国 Alstom（1995~2003 年）；
　　　　　　 德国 Siemens Energy（2003 年至今）。

结构形式　轴流式、单轴工业燃气轮机。

功率等级　49~63 MW。

现　　状　生产。

产　　量　截至 2020 年 12 月，已安装 370 台。

价　　格　配置燃气轮机发电装置的为 1 700 万美元（2018 年）。

应用领域　发电（包括简单循环、联合循环和热电联供）。

竞争机型　竞争机型为通用电气公司的 LM6000、MS6001B 和 MS6001C 燃气
　　　　　　 轮机。

2. 研制历程

SGT－800 燃气轮机的原名称为阿尔斯通公司的 GTX100 燃气轮机；GTX100
燃气轮机于 1995 年开始研制，1999 年投入使用；具体研制概况如下表所列。

SGT－800 燃气轮机研制概况

时　间	研 制 里 程 碑
1995 年	阿尔斯通公司开始研制 GTX100 燃气轮机
1997 年 5 月	将 GTX100 燃气轮机投放市场
1998 年 8 月	获得首台 GTX100 燃气轮机订单
1999 年夏季	交付首台 GTX100 燃气轮机
1999 年 11 月	首台 GTX100 燃气轮机在瑞典赫尔辛堡港达到 100% 载荷运行状态
2003 年 8 月	西门子股份公司收购阿尔斯通公司位于美国林肯市和法国弗朗什-孔泰的燃气轮机业务
2004 年 11 月	西门子股份公司重新调整燃气轮机生产线,将 GTX100 燃气轮机更名为 SGT－800 燃气轮机
2007 年	将功率为 47.5 MW 的 SGT－800 燃气轮机投放市场
2010 年	将功率为 50.5 MW 的 SGT－800 燃气轮机投放市场
2015 年	将功率为 53 MW 的 SGT－800 燃气轮机投放市场
2016 年 1 月	获得中国山西省国新能源发展集团有限公司中国首批 4 台 SGT－800 燃气轮机的订单

续　表

时　间	研 制 里 程 碑
2017 年 9 月	将 SGT－800 燃气轮机的功率增大至 57 MW
2018 年 5 月	将由通用电气公司电力事业部为 SGT－800 燃气轮机提供售后维修和改造升级服务
2020 年 1 月	获得日本住友化学工业株式会社 1 台 SGT－800 燃气轮机的订单

3. 结构和性能

1）结构特点

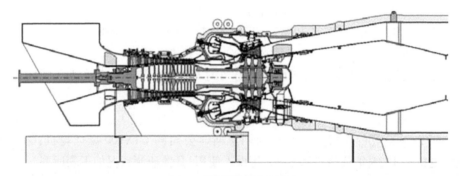

SGT－800 燃气轮机结构

（1）压气机：15 级轴流式，前 3 级可调，第 4~15 级封严采用耐磨涂层结构；转子由焊接盘组成，从压气机第 3、5、8、10 和 15 级引气用于热端部件冷却，压气机机匣沿轴向垂直对开，允许拆除一半机匣维护转子和静子。

（2）燃烧室：环管形，由钣金焊接制成，内部表面有热障涂层，能降低热传递水平和延长燃烧室寿命；有 30 个先进的环保驻涡型火焰筒，是 SGT－500 及 SGT－600 环保驻涡型火焰筒的进一步发展，火焰筒的分段设计方案允许单独拆除各个火焰筒，无须分解燃气轮机整机。

（3）涡轮：3 级轴流式，构成 1 个单元体，包括第 1 级和第 2 级工作叶片在内，采用全三维气动设计；工作叶片采用阿尔斯通公司的 GT24/26 的技术制造，第 1 级工作叶片采用单晶材料，以提高耐久性和延长使用寿命；涡轮机匣通过压气机引气进行冷却，减小涡轮间隙，提高涡轮效率；冷端驱动的布局方案允许安装轴向扩压段来提高性能；专门设计了扩压器与蒸汽联合循环的连接结构，将联合循环和热电联供运行过程中的损失降至最小。

（4）附件传动系统：燃油系统为双燃料系统，可燃用各种气体和液体燃料，如燃气、液化天然气、挥发油、柴油等；允许在满载荷和部分载荷状态下切换燃料；采用 2 个由矿物油润滑的可倾瓦滑动轴承，因此燃气轮机、齿轮箱和发电机可采用通用的润滑系统。

(5) 控制系统：基于阿西布朗勃法瑞公司的 Advant 系统，拥有 4 个控制器(1个 AC400 和 3 个 AC100)，AC400 用于定序、联动和回路控制，并作为工作站的计算机界面，第 1 个 AC100 是输出转速信号的远程 I/O，并且是安全系统中 2 个通道的第 1 个，第 2 个 AC100 用于燃油阀位置调节的闭环控制，并作为安全系统 2 个通道的第 2 个，第 3 个 AC100 作为发电机电压的闭环控制；Advant 500 操作员工作站是 1 个基于 UNIX 的工作站，配置全图示显示器；控制系统还可通过标准总线与外部系统通信。

2) 性能参数

发电型 SGT－800 燃气轮机的主要参数

参　　数	数　　值				
功率/MW	49.9	54.0	55.6	57.0	62.5
效率/%	39.4	39.1	39.5	40.1	41.1
压比	19.8	21.6	22.0	22.0	21.1
热耗率/[kJ/(kW·h)]	9 147	9 206	9 123	8 970	8 759
质量流量/(kg/s)	124.7	135.5	137.7	136.6	135.5
排气温度/℃	560	563	564	565	596
输出转速/(r/min)	6 600	6 600	6 600	6 600	6 600
NO_x 排放[15% O_2(体积分数)][1]/ppm	≤15	≤15	≤15	≤15	15~25

注：① 干低排放型，燃用天然气。

联合循环发电型 SGT－800 燃气轮机的主要参数

参　　数	SCC－800					SCC－800					SCC－800				
发电装置配置	1+1					2+1					3+1				
净功率/kW	71.9	78.1	80.0	81.5	89.0	145.3	157.9	162.1	164.8	182	217.9	236.7	243.1	247.5	273.0
效率/%	57.7	57.5	57.9	58.5	59.6	58.3	58.1	58.6	59.1	60.6	58.3	58.1	58.6	59.1	60.6
净热耗率/[kJ/(kW·h)]	6 239	6 261	6 218	6 154	6 040	6 175	6 196	6 143	6 091	5 941	6 175	6 196	6 143	6 091	5 941

发电型 SGT - 800 燃气轮机的尺寸和重量

参　　数	传统型箱装体①	单独吊运型箱装体②
长度/mm	20 800	22 000
宽度/mm	7 300	4 700
高度/mm	6 600	5 300
重量/kg	285 000	305 000

注: ① 尺寸和配置取决于燃气轮机功率;② 尺寸取决于配置,重量包括位于基座上的发电机。

SGT5 - 2000E/3000E/4000F(V94.2/V94.2A/V94.3A)

1. 一般情况

主制造商　德国 Siemens Energy。

供 应 商　意大利 Boldrocchi Srl(滑油冷却器、进气和排气消声系统);

美国 Camfil Farr Co. (空气过滤系统);

德国 G&H Montage GmbH, Gruppe G+H Isolierung(噪声控制设备);

美国 Vogt Power International Inc. (余热锅炉)。

结构形式　轴流式、单轴工业燃气轮机。

功率等级　166~272 MW。

现　　状　生产。

产　　量　截至 2020 年初期,已交付 SGT5 系列燃气轮机 860 台(SGT5 - 2000E、SGT5 - 3000E 和 SGT5 - 4000F 分别为 300 台、180 台和 380 台)。

改进改型　SGT5 - 2000E　在热力学上采用和 V94.1 相同的设计。

V94.2　为 SGT5 - 2000E 的原名称。初始型号是 V94.0,然后又研制出 V94.1,最终进一步研制出 V94.2。

SGT5 - 3000E　借鉴了 SGT5 - 4000F 的压气机和 V94.2A 的燃烧室技术。

V94.2A　为 SGT5 - 3000E 的原名称,用于填补 50 Hz 燃气轮机发电市场上 68 MW 的 V64.3A(现为 SGT5 - 1000F) 和 278 MW 的 V94.3A(现为 SGT5 - 4000F)燃气轮机之间的空白。

V94.3　采用从 V84.4 到 V94.2 上的先进技术而研制。

SGT5 - 4000F　原名称为 V94.3A。

价　　格　SGT5 - 2000E 为 4 300 万美元(2019 年);SGT5 - 3000E 为 3 200 万美元(2019 年)。SGT5 - 4000F 为 7 300 万美元(2019 年)。联合

循环装置为 4.4 亿~7.2 亿美元(2019 年)。

应用领域　发电(包括联合循环和热电联供)。

竞争机型　竞争机型有通用电气公司的 9HA 燃气轮机、三菱动力株式会社的 M501/701 系列燃气轮机。

2. 研制历程

SGT5 - 2000E/3000E/4000F 燃气轮机由 V94.0 系列燃气轮机改名而来; V94.0 燃气轮机于 1970 年开始研制,1974 年投放市场;具体研制概况如下表所列。

SGT5 - 2000E/3000E/4000F 燃气轮机研制概况

时　间	研 制 里 程 碑
1970 年	西门子股份公司电站联盟分公司开始研制 V94.0 燃气轮机
1974 年	将功率为 90 MW 的 V94.0 燃气轮机投放市场
1984 年	采用 114 MW 的 V94.2 燃气轮机组成联合循环装置
1986 年	开始研制低 NO_x 混合式火焰筒
1990 年	开始研制 V94.3 燃气轮机
1992 年中期	开始进行 V94.3 燃气轮机试验
1993 年	将 V94.3 燃气轮机投放市场
1994 年	交付首台 V94.3 燃气轮机
1994 年 12 月	开始研制 V94.3A 燃气轮机
1996 年	V94.3 燃气轮机停产
1996 年 9 月	将 V94.2A 燃气轮机投放市场
2004 年 11 月	西门子股份公司重新调整整个燃气轮机生产线,将 V94.2/V94.2A/V94.3A 更名为 SGT5 - 2000E/3000E/4000F 燃气轮机
2007 年 10 月	中国首台 SGT5 - 4000F 燃气轮机在浙江萧山电厂投入使用
2013 年 6 月	为阿尔及利亚提供 6 台 SGT5 - 4000F 燃气轮机和相关联合循环设备
2019 年 10 月	为鞑靼斯坦共和国(Republic of Tatarstan)提供 1 台 SGT5 - 2000E 燃气轮机和相关联合循环设备
2020 年 11 月	开始利用数字孪生和人工智能技术优化 SGT5 - 4000F 燃气轮机的性能

3. 结构和性能

1) 结构特点

(1) 进气装置:空气径向进入,经固定进口导向叶片转向进入压气机;带有进

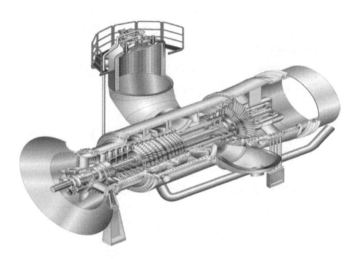

SGT5‑2000E 燃气轮机结构

口过滤和消声系统;发电机位于燃气轮机冷端,旋转轴穿过进气口。

(2)压气机:V94.0 和 V94.2 为 16 级轴流式;内机匣材料为 Cr‑Ni‑Nb 钢,静子叶片为 Cr 钢,转子叶片、盘和轴均为 Ni‑Cr‑Mo‑V 钢;轮盘由液压预紧拉杆螺栓固定在一起,组成 1 个刚性圆柱状结构;转子叶片用枞树形榫头单个地插入轮盘。

(3)燃烧室:采用双立筒形或垂直偏置燃烧室,内衬陶瓷隔热瓦块;V94 燃烧室衬垫为陶瓷材料,机匣材料为带有 1 个 Cr‑Ni‑Nb 钢过渡管的碳钢材料,有 16 个相同类型的点火器和 16 个燃油喷嘴。

(4)涡轮:4 级轴流式。V94.0 只在 1~2 级工作叶片和导向叶片上采取冷却技术,各部件冷却用空气从压气机抽取,通过转子内部后,在轮盘锯齿表面流出。

(5)附件传动系统:有 2 个标准型压力润滑的径向轴承,1 个位于旋转轴末端,是易于更换的可倾瓦轴承;止推轴承位于驱动(动力涡轮)端。

2)性能参数

简单循环型 SGT5‑2000E/3000E/4000F 燃气轮机的主要参数

参　　数	SGT5‑2000E	SGT5‑3000E	SGT5‑4000F
功率/MW	166	188	272
效率/%	36.5	38.0	38.7
热耗率/[kJ/(kW·h)]	10 556	10 049	9 302
质量流量/(kg/s)	522	514	665
排气温度/℃	545	586	585

联合循环型 SGT5 - 2000E/3000E/4000F 燃气轮机的主要参数

单台燃气轮机(燃气轮机和蒸汽轮机都在同一个传动轴上)			
参　数	SGT5 - 2000E	SGT5 - 3000E	SCC5 - 4000F
净功率/MW	247	283	407
效率/%	52.2	54.9	57.7
净热耗率/[kJ/(kW·h)]	6 542	6 219	6 239
2+1 型多台燃气轮机(2 台燃气轮机和 1 台蒸汽轮机都在单独的传动轴上)			
参　数	SCC5 - 2000E	SCC5 - 3000E	SCC5 - 4000F
净功率/MW	497	566	814
效率/%	52.5	55	57.7
净热耗率/[kJ/(kW·h)]	6 855	6 550	6 239

SGT5 - 3000E/4000F 燃气轮机的尺寸和重量

参　数	SGT5 - 3000E	SGT5 - 4000F
长度/mm	12 000	12 980
宽度/mm	6 000	6 090
高度/mm	7 400	7 980
重量/kg	320 000	330 000

SGT6 - 3000E/5000F/6000G(W501 系列)

1. 一般情况

主制造商　德国 Siemens Energy。

供 应 商　美国 Arconic Power and Propulsion, Winsted Operations(一体化涡轮部件、熔模铸造部件);

美国 Associated Spring, Group Headquarters(齿轮、弹簧);

美国 BHS Getriebe GmbH, Voith(大功率密度减速齿轮);

美国 Chromalloy San Antonio(压气机轮盘、钢熔模铸造涡轮盘);

美国 Collins Aerospace Systems，Engine Components（燃油喷嘴）；

美国 Danville Metal Stamping Co.（防冰帽罩组件、除尘组件）；

美国 Dyna－Empire Inc.（燃气轮机装配架、泄压阀、防冰阀门组件、控制组件）；

美国 Hamon Deltak Corp.（余热锅炉）；

美国 Hyspan Precision Products Inc.，Formerly Anaconda（柔性管组件、燃油总管）；

美国 Kingsbury Inc.（止推轴承）；

美国 Parker Aerospace，Fuel Systems Division（流体管理系统）；

美国 Power Systems Manufacturing（过渡段）；

美国 Vogt Power International Inc.（Lauderdale 电站改造用余热锅炉）；

德国 Voith Turbo GmbH & Co. KG（起动机扭矩变换器）；

美国 Woodward Inc.（电子液压调节系统）。

结构形式 轴流式、单轴工业燃气轮机。

功率等级 120~267 MW。

现　　状 生产。

产　　量 截至 2019 年 3 月，已制造 SGT6－3000E/5000F/6000G 系列燃气轮机超过 525 台。

改进改型 W501D5　初始功率为 98 MW，后续通过提高涡轮进口温度，将功率增加到 107 MW。

SGT6－3000E　原名称为 W501D5A。

SGT6－5000F　原名称为 W501F，频率为 60 Hz。

SGT6－6000G　原名称为 W501G，频率为 60 Hz。

价　　格 简单循环 SGT6－3000E/5000F/6000G 系列燃气轮机发电装置（2019 年）：SGT6－3000E（W501D5A）为 2 920 万美元；SGT6－5000F（W501F）为 5 230 万美元；SGT6－6000G（W501G）为 6 410 万美元。

应用领域 工业发电（包括联合循环和热电联供）。

竞争机型 竞争机型有通用电气公司、曙光机械设计科研生产联合体、三菱动力株式会社的同等功率产品。

2. 研制历程

SGT6－3000E/5000F/6000G 燃气轮机由 W501 系列燃气轮机改名而来；W501 系列燃气轮机于 1964 年开始研制，1969 年投入使用；具体研制概况如下表所列。

SGT6－3000E/5000F/6000G 燃气轮机研制概况

时　间	研 制 里 程 碑
1964 年	开始研制 W501 系列燃气轮机
1969 年 1 月	首套 W501 燃气轮机发电机组投入使用
1981 年	将 W501D5 燃气轮机投放市场
1990 年	将 W501F 燃气轮机投放市场
1993 年	首台 W501F 燃气轮机在佛罗里达电力照明公司投入使用
1994 年	将 W501D5A 燃气轮机投放市场
1994 年 6 月	开始研制 W501G 燃气轮机
1997 年 2 月	首台 W501G 燃气轮机在佛罗里达州莱克兰市投入使用
1999 年 7 月	配置增压循环流化床系统的 W501G 燃气轮机开始在佛罗里达州莱克兰市投入使用
2004 年 11 月	西门子股份公司重新调整整个燃气轮机生产线，将 W501 系列燃气轮机更名为 SGT6－3000E/5000F/6000G 燃气轮机
2013 年 9 月	验证了燃用重油的 SGT6－5000F 燃气轮机的 NO_x 排放能力小于 25 ppm
2015 年 1 月	向美国潘达电力基金公司提供 2 台 SGT6－5000F 燃气轮机和相关联合循环设备
2017 年 2 月	获得韩国斗山集团 5 台 SGT6－5000F 燃气轮机的订单

3. 结构和性能

1）结构特点

（1）进气装置：空气径向进入，转 90°以后进入压气机；可选装可调进口导向叶片，但在 W501D 和 SGT6－5000F 上为标准配置；还可选装不同的空气过滤器及消声装置。

（2）压气机：SGT6－3000E 为 19 级，SGT6－5000F 为 17 级；SGT6－5000F 的第 14~17 级为螺栓连接的盘结构，其他型号为热套盘结构；转子叶片由含 12%（质量分数）Cr 的不锈钢锻造而成，单个转子叶片与转子用销固定，能够被单独取下；碳钢机匣水平对开，上半部机匣能够与静子叶片一起吊装移动；转子由 2 个装于外部的滑动轴承支承，便于检查与更换。

（3）燃烧室：环管形。SGT6－5000F 有 16 个低 NO_x 排放混合式火焰筒，能够安装双燃料喷嘴，允许使用天然气或液体燃料，使用液体燃料时起动过程使用雾化空气，燃料随后在压力下被雾化，便于燃烧；火焰筒能够通过开在机匣上的检修口

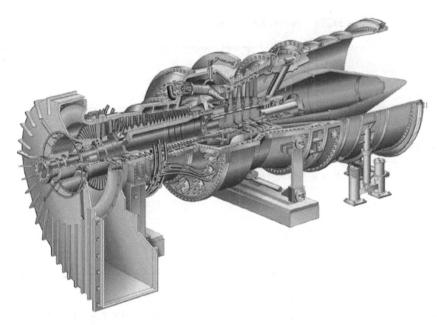

SGT6‑3000E 燃气轮机结构

移出,火焰筒材料为 Hastelloy X,过渡段材料为 In617;有双点火器;SGT6‑6000G 有 16 个火焰筒,有 1 个三段、平行分级、富油-贫油设计的燃烧室和双燃料喷嘴,使用液体燃料和天然气时,排放量都很低。

(4) 涡轮:为 4 级轴流式。工作叶片材料为镍基高温合金,是易于更换的枞树形榫头设计。除了 SGT6‑5000F 的第 1~3 级工作叶片/导向叶片为气冷,其余型号的第 1、2 级工作叶片/导向叶片为气冷,空气由叶片尾缘孔排出。来自压气机的引气用于冷却第 2~4 级导向叶片内封严环。导向叶片段由 X‑45/ECY‑768 材料铸造而成,盘由锻造合金钢制成,带圆弧端齿。SGT6‑6000G 的第 1~2 级工作叶片/导向叶片由定向结晶材料制成,使用了罗尔斯·罗伊斯公司研制的制造技术,叶片表面喷涂热障涂层。

(5) 附件传动系统:1 个钢制的底座上安装了滑油系统、辅助设备、空气压缩机、储油罐、压力开关、仪表盘以及燃油控制系统。起动设备组件位于被驱动发电机的另一端,包括带力矩转换器的鼠笼式感应电机、1 个滑油-空气冷却系统、增速齿轮和带过载离合器的盘车装置,以及 2 个可倾瓦径向轴承和 Kingsbury 推力轴承。

(6) 控制系统:Powerlogic Ⅱ 控制系统是公司燃气轮机控制系统的最新升级版本;基于微处理器的系统将所有经早期系统运行验证过的设计技术集成化,提高可靠性和可用性;在分布处理系统的基础上建立了包括各类兼容模块,每个子系统按特定用途设计。

2）性能参数

简单循环型 SGT6 - 3000E/5000F/6000G 的主要参数

参　　数	SGT6 - 3000E （W501D5A）	SGT6 - 5000F （W501F）	SGT6 - 6000G （W501G）
功率/MW	120.5	198.3	266.3
效率/%	34.7	38.0	>38.0
热耗率/[kJ/(kW·h)]	10 497	9 743	9 135
质量流量/(kg/s)	382	496	602
排气温度/℃	532	579	595

联合循环型 SGT6 - 3000E/5000F/6000G 的主要参数

参　　数	SGT6 - 3000E 多轴[1]	SGT6 - 5000F 多轴[1]	SGT6 - 6000G 单轴[2]	SGT6 - 3000E 多轴[3]	SGT6 - 5000F 多轴[3]	SGT6 - 6000G 多轴[3]
发电装置配置	1+1	1+1	1+1	2+1	2+1	2+1
净功率/MW	173.0	293.3	391.1	346.9	589.7	782.1
效率/%	50.5	57.0	58.4	50.6	57.2	>58.4
净热耗率（低热值）/ [kJ/(kW·h)]	7 130	6 230	6 165	7 110	6 190	<6 165

注：[1] 1 个燃气轮机轴，1 个蒸汽轮机轴，所有功率输出轴独立；[2] 燃气轮机与蒸汽轮机在同一根功率输出轴上；[3] 2 个燃气轮机轴，1 个蒸汽轮机轴，所有功率输出轴独立。

成套型（Econopac）SGT6 - PAC3000E/5000F 燃气轮机的主要参数

参　　数	SGT6 - PAC 3000E	SGT6 - PAC 5000F
净功率/MW	118	184
效率/%	34.3	36.9
净热耗率/[kJ/(kW·h)]	10 497	9 743
质量流量/(kg/s)	384	457
排气温度/℃	532	594

SGT6 - 3000E/5000F/6000G 燃气轮机的尺寸和重量

参　数	SGT6 - 3000E （W501D5A）	SGT6 - 5000F （W501F）	SGT6 - 6000G （W501G）
长度/mm	10 300	9 960	10 850
宽度/mm	3 620	3 960	4 260
高度/mm	4 200	4 540	4 510
重量/kg	140 615	192 779	272 158

SGT5/6 - 8000H

1. 一般情况

主制造商　德国 Siemens Energy。

结构形式　轴流式、单轴工业燃气轮机。

功率等级　310~450 MW。

现　　状　生产。

产　　量　截至 2019 年 3 月,已制造燃气轮机共计 100 台。

改进改型　SGT5 - 8000H　基本型,频率为 50 Hz。

　　　　　　SGT6 - 8000H　在基本型基础上的衍生型,频率为 60 Hz。

　　　　　　SCC5 - 8000H　主要由 SGT5 - 8000H 燃气轮机组成的联合循环
　　　　　　发电装置。

　　　　　　SCC6 - 8000H　主要由 SGT6 - 8000H 燃气轮机组成的联合循环
　　　　　　发电装置。

价　　格　简单循环 SGT5/6 - 8000H 系列燃气轮机发电装置（2019 年）:
　　　　　　SGT5 - 8000H 为 9 200 万美元;SGT6 - 8000H 为 7 000 万美元;联
　　　　　　合循环发电装置为 4.4 亿~7.2 亿美元。

应用领域　发电(包括联合循环和热电联供)。

竞争机型　竞争机型有安萨尔多能源公司的 GT26 燃气轮机、通用电气公司的
　　　　　　9HA 燃气轮机、三菱动力株式会社的 M501/701JAC 系列燃气
　　　　　　轮机。

2. 研制历程

SGT5/6 - 8000H 燃气轮机于 2000 年 10 月开始研制,2011 年投入使用;具体研
制概况如下表所列。

SGT5/6-8000H 燃气轮机研制概况

时　间	研制里程碑
2000 年 10 月	开始研制 SGT5/6-8000H 燃气轮机
2001 年 11 月	开始进行 SGT5/6-8000H 燃气轮机的基本工程设计
2005 年 9 月	完成 SGT5/6-8000H 燃气轮机研制
2007 年 5 月	在柏林工厂组装完成首台 SGT5-8000H 燃气轮机原型机
2007 年 12 月	SGT5-8000H 燃气轮机在德国巴伐利亚州耶新 4 期示范电站首次点火
2009 年 9 月	在耶新 4 期电站成功完成 SGT5-8000H 燃气轮机示范运行
2010 年 6 月	获得佛罗里达电力照明公司 6 台 SGT6-8000H 燃气轮机订单
2011 年 7 月	首台 SGT5-8000H 燃气轮机在耶新 4 期电站投入使用
2012 年 11 月	在佛罗里达电力照明公司下一代清洁能源中心首次起动 SGT6-8000H 燃气轮机
2018 年 4 月	获得为华电福新能源股份有限公司提供 2 台 SGT5-8000H 燃气轮机的首个中国订单
2019 年 2 月	SGT5/6-8000H 燃气轮机投入使用时间达到 100 万小时
2019 年 2 月	SGT5/6-8000H 燃气轮机订单数超过 100 台
2020 年 5 月	SGT5-8000H 燃气轮机在华电福新能源股份有限公司的广州增城燃气冷热电三联供项目首次点火成功
2021 年 1 月	阿联酋迪拜铝厂首个采用 SGT5-8000H 燃气轮机的联合循环电站成功点火

3. 结构和性能

1）结构特点

（1）压气机：13 级轴流式，采用先进的三维叶型设计技术，在 W501F 型燃气轮机压气机设计基础上改进而来，具有大增压比、大质量流量、高效率等特点；前几级叶片采用可控扩散叶型设计，其他级叶片采用高性能叶型设计；由于进口导向叶片和前 3 级静子叶片可调，质量流量调节范围增大为 50%~100%，而 F 级燃气轮机的流量调节范围为 70%~100%，因此 H 级燃气轮机部分载荷性能比 F 级燃气轮机有所提高；所有 13 级静子叶片分装在 4 个不同的静子机匣上，这样无须起吊转子就能实现静子叶片更换。

（2）燃烧室：环管形，它是在 W501F 型燃气轮机的环管形燃烧器基础上研制而成的，称为平台燃烧系统，环管形燃烧器在 W501F 上累积运行了 800 万个小时，与环形燃烧室相比具有更高的可靠性和运行灵活性；50 Hz 和 60 Hz 燃气轮机采用

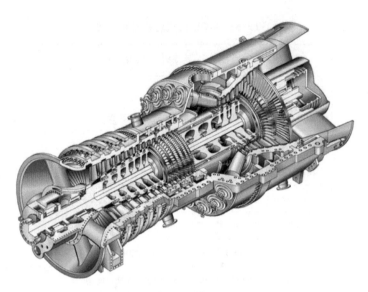

SGT5‑8000H 燃气轮机结构

同样尺寸的燃烧器,由于 50 Hz 燃气轮机尺寸是 60 Hz 燃气轮机尺寸的 1.2 倍,因此 50 Hz 燃气轮机使用了 16 个燃烧器,而 60 Hz 燃气轮机只使用了 12 个燃烧器。

平台燃烧系统采用的是分级燃烧的设计理念,分为 A、B、C、D 级以及先导值班级。其中,A 级和 B 级为主燃烧级,各由 4 个带旋流的预混燃烧器组成,C 级燃烧器位于导流衬套内,在主燃烧器和值班级燃烧器空气气流上游。D 级燃烧器是值班预混燃烧级,以调整燃烧动态特性为目的。值班级燃烧器采用扩散燃烧方式,以调整燃烧动态特性和污染物排放为目的。

在 50%~100% 载荷,燃料控制系统在原来的预设控制参数基础上增加了在线燃烧参数自动调整系统,使燃烧器通过分级燃烧技术实现对燃烧特性和 NO_x 排放的动态控制。按照机组性能设计要求,天然气需加热到 215℃。

(3)涡轮:4 级轴流式。前 3 级叶片采用空气冷却,第 4 级无冷却,能提高机组操作灵活性并缩短起动时间。4 级叶片的叶型设计仍采用全三维设计技术,第 4 级工作叶片叶顶采用了围带,能提高每级叶片的级效率和涡轮整体效率。在叶片材料上,第 1、2 级采用定向结晶材料和改进型热障涂层技术。4 级导向叶片全部装在 1 个导向叶片保持环上,这样无须起吊转子就能实现导向叶片更换。第 1 级转子、导向叶片可以通过燃烧室来拆装而无须起吊涡轮机匣,这种设计大大缩短了燃气轮机检修时间。

(4)附件传动系统:单轴转子由两个轴承支承,1 个联合式轴颈和推力轴承位于压气机进口一侧,1 个轴颈轴承位于涡轮排气一侧。

2）性能参数

简单循环型 SGT5/6‑8000H 燃气轮机的主要参数

参　　数	SGT5‑8000H	SGT6‑8000H
功率/MW	450	310
效率/%	41.2	40.4
压比	21.0	21.0
热耗率/[kJ/(kW·h)]	8 740	8 920
质量流量/(kg/s)	935	650
排气温度/℃	630	645
输出转速/(r/min)	3 000	3 600
NO_x 排放[15% O_2(体积分数)]/ppm	<2(选择性催化还原)	≤25(无喷水) ≤42(喷水)

SCC5/6‑8000H 联合循环装置的主要参数

参　　数	SCC5‑8000H	SCC6‑8000H
总功率/MW	675	472
总效率/%	62.4	60.9
总热耗率/[kJ/(kW·h)]	5 770	5 815

SGT5/6‑8000H 燃气轮机的尺寸和重量

参　　数	SGT5‑8000H	SGT6‑8000H
长度/mm	12 600	10 500
宽度/mm	5 500	4 300
高度/mm	5 500	4 300
重量/kg	445 000	289 000

SGT5/6‑9000HL

1. 一般情况

主制造商　德国 Siemens Energy。

结构形式　轴流式、单轴工业燃气轮机。

功率等级　444~593 MW。

现　　状　生产。

产　　量　截至 2019 年末,已获得 7 台订单(SGT5-9000HL 和 SGT6-9000HL 的订单分别为 1 台和 6 台)。

改进改型　SGT5-9000HL　基本型,频率为 50 Hz。

　　　　　SGT6-9000HL　基本型的衍生型,频率为 60 Hz。

　　　　　SCC5-9000HL　由 1 台 SGT5-9000HL 燃气轮机和 1 台蒸汽轮机组成的联合循环发电装置,功率为 880 MW;由 2 台 SGT5-9000HL 燃气轮机和 1 台蒸汽轮机组成的联合循环发电装置,功率为 1 760 MW。

　　　　　SCC6-9000HL　由 1 台 SGT6-9000HL 燃气轮机和 1 台蒸汽轮机组成的联合循环发电装置,功率为 655 MW;由 2 台 SGT6-9000HL 燃气轮机和 1 台蒸汽轮机组成的联合循环发电装置,功率为 1 310 MW。

价　　格　简单循环 SGT5-9000HL 燃气轮机发电装置为 1.48 亿美元。

应用领域　公用事业和工业发电。

竞争机型　竞争机型为三菱动力株式会社的 M501JAC 和通用电气公司的 MS9001H。

2. 研制历程

SGT5/6-9000HL 燃气轮机于 2017 年开始研制,2020 年开始交付;具体研制概况如下表所列。

SGT5/6-9000HL 燃气轮机研制概况

时　间	研　制　里　程　碑
2016 年	组建团队开展新一代重型燃气轮机技术特征和未来市场需求研究
2017 年 8 月	开始研制新一代 SGT5/6-9000HL 重型燃气轮机
2018 年 8 月	首次获得英国南苏格兰电力公司凯比 2 期(Keadby 2)发电厂 1 台 SGT5-9000HL 燃气轮机的订单
2019 年 1 月	获得为美国密西西比州合作能源公司提供 1 台 SGT6-9000HL 燃气轮机的订单
2019 年 11 月	在亚洲首次获得为韩国计划建设的骊州能源服务公司提供 2 台 SGT5/6-9000HL 燃气轮机的订单
2020 年 4 月	在杜克能源公司(Duke Energy)林肯燃烧涡轮电站成功完成了首台 SGT6-9000HL 燃气轮机点火启动,从而进入为期 4 年的试运行阶段
2020 年 5 月	开始向凯比 2 期发电厂交付最新研制的首台 SGT5-9000HL 燃气轮机

3. 结构和性能

1）结构特点

SGT6‑9000HL 燃气轮机结构

（1）压气机：12 级轴流式，采用先进的第 3 代三维叶型设计技术，前 2 级静子叶片可调。

（2）燃烧室：环管式，采用先进高效的燃烧室概念设计，支持双燃料燃烧；共有 12 个火焰筒，每个火焰筒中间有一个值班喷嘴，然后周边共由 25 个预混喷嘴包围，能更好地改善燃料和氧气的混合，从而允许燃烧室在 30% 载荷附近就开始低预混燃烧；可以在燃料混合物中添加不超过 30% 的氢燃料，利用选择性催化还原技术可以将 NO_x 排放降低到 2 ppm。

（3）涡轮：4 级轴流式。高压涡轮工作叶片为自由式，采用内部冷却技术，进一步增大了输出功率，并允许承受更高的排气温度。所有高压涡轮工作和导向叶片都创新性地喷涂多层热障涂层，进而减少了冷却空气消耗量和提高了工作叶片强度，提升了联合循环效率、降低了运行成本。低压涡轮衍生于 SGT5/6‑8000H 燃气轮机低压涡轮，并进行了改进设计。

2）性能参数

简单循环型 SGT5/6‑9000HL 燃气轮机的主要参数

参　　数	SGT5‑9000HL	SGT6‑9000HL
功率/MW	593	444
效率/%	43.0	43.2

续　表

参　　数	SGT5 - 9000HL	SGT6 - 9000HL
压比	24.0	24.0
热耗率/[kJ/(kW·h)]	8 375	8 333
质量流量/(kg/s)	1 050	725
排气温度/℃	670	670
输出转速/(r/min)	3 000	3 600
NO_x 排放[15% O_2(体积分数)]/ppm	<2(选择性催化还原) <25(无选择性催化还原)	<2(选择性催化还原) <25(无选择性催化还原)

联合循环型 SGT5/6 - 9000HL 燃气轮机的主要参数

参　　数	SCC5 - 9000HL	SCC5 - 9000HL	SCC6 - 9000HL	SCC6 - 9000HL
发电装置配置	1+1	2+1	1+1	2+1
总功率/MW	880	1 760	655	1 310
总效率/%	64.0	64.0	64.0	64.0
总热耗率/[kJ/(kW·h)]	5 625	5 625	5 625	5 625
蒸汽温度/℃	600	600	600	600

SGT5/6 - 9000HL 燃气轮机的尺寸和重量

参　　数	SGT5 - 9000HL	SGT6 - 9000HL
长度/mm	13 000	10 800
宽度/mm	5 300	5 000
高度/mm	5 500	4 300
重量/kg	497 000	305 000

荷　兰

微型涡轮技术公司

1. 概况

微型涡轮技术（Micro Turbine Technology）公司是从事先进微型燃气轮机研制和商业化的创新型企业,总部位于荷兰埃因霍温,公司成立于2003年。在燃气轮机研发过程中,公司将低成本、高可靠性和低维护放在首位,使燃气轮机产品拥有所有小型热电联供解决方案中最具竞争力的寿命周期成本和大大高于冷凝锅炉的总效率;还重点关注清洁燃料的适用性,如生物甲烷气、沼气和天然气-氢气混合物;同时开发了大量专有技术,如性能和性能优化、涡轮机械部件设计、清洁燃烧概念、转子动力学、微型涡轮控制和系统集成、轴承、高温回热器等,显著提升了燃气轮机在效率、可靠性和简单性方面的优势。

公司业务范围涉及低成本、高效率微型燃气轮机研制及其商业应用。燃气轮机产品为EnerTwin微型燃气轮机。2006~2009年,公司开发了其专利——微型涡轮技术,随后将该技术应用于EnerTwin燃气轮机热电联供系统。2018年初,EnerTwin开始批量生产,随后于2018年4月投放欧洲市场。该公司的燃气轮机产品凭借清洁燃烧、回热器、换热、微型涡轮控制等技术,可应用于中小企业、大型住宅、公寓楼、体育馆、公共建筑、燃料站、酒店和餐厅、医院等热电联供系统。

2. 组织机构

公司有3个业务部门:工程开发部、运营部和商业发展部。工程开发部负责热电联供应用开发和系统测试;运营部负责合作伙伴间的项目管理和技术协调;商业发展部负责市场开发与销售。

3. 竞争策略

与市场上的其他微型燃气轮机相比,EnerTwin为超微小型燃气轮机,与其竞争的机型较少。但该燃气轮机是首型超微小但能够提供足够家用/商用热力和电力的产品,同时还可扩展到其他应用领域。

EnerTwin

1. 一般情况

主制造商　荷兰 Micro Turbine Technology。

结构形式　离心式微型燃气轮机。

功率等级　3 kW。

现　　状　生产。

产　　量　截至 2019 年末,生产约 200 台。

价　　格　热电联供型为 8 000 美元(2018 年)。

应用领域　热电联供。

竞争机型　竞争机型为布雷顿喷气机有限公司的 MTG12 燃气轮机。

2. 研制历程

EnerTwin 燃气轮机于 2008 年中期开始研制,2018 年 1 月投入使用;具体研制概况如下表所列。

EnerTwin 燃气轮机研制概况

时　间	研 制 里 程 碑
2008 年中期	开始研制 EnerTwin 燃气轮机
2010 年 5 月	制造出首台热电联供型 EnerTwin 燃气轮机验证机
2011 年夏季	制造出 2 台 EnerTwin 燃气轮机原型机并开始试验
2013 年 2 月	在德国宇航研究中心开展 EnerTwin 燃气轮机燃烧技术研究
2013 年 2 月	EnerTwin 燃气轮机通过欧洲统一认证的涉及安全、健康和环保标准的外场试验
2013 年 6 月	在德国和荷兰的一处学校、大面积房屋和办公楼中开展 EnerTwin 燃气轮机示范运行
2015 年早期	在比利时、法国和意大利开展 EnerTwin 燃气轮机第 2 个循环的示范运行
2017 年 11 月	开始生产 EnerTwin 燃气轮机
2018 年 1 月	EnerTwin 燃气轮机投入使用

3. 结构和性能

1) 结构特点

(1) 压气机:单级离心式,无扩压器。

(2) 燃烧室:独特地位于涡轮上的旋转式燃烧室,通过消除泄漏损失降低效率损失。

(3) 涡轮:反力式涡轮,无导向叶片,能驱动发电机和压气机。

EnerTwin 燃气轮机组件

2）性能参数

EnerTwin 燃气轮机的主要参数

参　　数	数　　值
最大发电功率/kW	3.2
净发电效率/%	16
总效率[①]/%	>94
转子最大转速/(r/min)	240 000
噪声等级(@1 m)/dB	55
最大功率时的电热比/%	20
维修间隔/h	>5 000

注：① 取决于热力系统的运行状态，如回水温度。

EnerTwin 燃气轮机的尺寸和重量

参　　数	数　　值
高度/mm	995
宽度/mm	600
厚度/mm	1 170
重量[①]/kg	205

注：① 空载重量。

欧谱纳径流涡轮公司

1. 概况

欧谱纳径流涡轮(Optimal Radial Turbine)公司成立于1991年,是专门从事小型燃气轮机研制和售后的高新技术企业,总部位于荷兰亨格洛市。2017年,公司被中国大连派思燃气系统股份有限公司全资收购,成为该集团旗下的子公司;同年,公司在原工厂所在地的科技园区建设了全新的工厂,进一步加强和提高生产与测试能力,为未来成为业界的分布式能源燃气轮机供应商铺平道路。

公司的燃气轮机产品具有宽泛的燃料适应性、可靠的设计、高热电联供能力和小的占地面积等特点。燃气轮机具有宽泛的燃料适应范围,可靠且先进的燃烧系统赋予了其可使用液体或气体燃料运行的能力,也使得机组可运行于低燃料压力条件下,全径向设计技术确保燃气轮机坚固耐用;可配置低排放或低热值燃烧室,4个外部管式火焰筒平均分布在热流路径上,可减少维护期间的停机时间;坚固的设计以及位于冷运行部分的轴承,使得燃气轮机可以运行40 000 h不大修;机组产生较高排烟温度使燃气轮机与热电联供项目高度匹配,冷端轴承的悬臂式设计保证了排烟中无油,其烟气可直接用于干燥;径流式燃气轮机的高能量密度使其设计更加紧凑、小巧,仅为常规设备运动部件的三分之一。

公司业务涉及2 MW系列燃气轮机发电机组的研制、销售和服务,燃气轮机产品为OP16系列。早在1964年,公司创始人就开发并商业化世界上首台工业应用的径向流燃气轮机。公司成立后,开始设计和开发OP16燃气轮机;1994年,成功开发超低排放燃烧室并通过测试,随后获得专利;2003年,开始研发低排放火焰筒;2005年,开始交付OP16燃气轮机发电机组;截至2020年11月,已售出140台。燃气轮机产品凭借灵活的燃料适应性、全径向叶轮、悬臂式冷端轴承等技术优势,广泛应用于发电等领域。

2. 组织机构

公司设立研发部、销售及营销部、售后与维护部、产品管理部、质量/健康/安全/环境部。其中,研发部负责燃气轮机和箱装体研制与工程开发;销售及营销部负责在全球范围内宣传和推广欧谱纳品牌。

3. 竞争策略

公司通过改进研制OP16 - 3A/3B/3C燃气轮机,不断优化燃气轮机的生产线,充分满足客户的需求。通过将燃气轮机功率增大至 2 MW 级,以确保 OP16 面临有限的直接竞争。此外,OP16 - 3C 还可燃用燃料产生过程中的废燃料,因此具有广阔的应用前景。

2017 年末期,欧谱纳径流涡轮公司被中国大连派思燃气系统股份有限公司全资收购,成为该集团旗下的子公司,进而打开了中国市场(此前主要在欧洲市场),并于 2019 年在中国市场安装 2 台燃气轮机。2017 年,公司在亨格罗市新开设工厂,进一步提高了燃气轮机的产量。

OP16

1. 一般情况

主制造商　荷兰 Optimal Radial Turbine。

结构形式　全径流式单轴燃气轮机。

功率等级　2 MW。

现　　状　生产。

产　　量　截至 2020 年末,已售出 140 台。

改进改型　**OP16 - 3A**　功率约为 1.9 MW,后期功率增大到 2 MW。燃烧室为传统扩散型。

　　　　　　OP16 - 3B　与 OP16 - 3A 型类似,但燃烧室为干低排放型。

　　　　　　OP16 - 3C　与 OP16 - 3A/B 的燃气发生器相同且具有相同的功率,但专门设计了新型且可燃用超低热值气体和液体燃料的双燃料燃烧室。

价　　格　OP16 - 3A 燃气轮机为 145 万~165 万美元(2019 年)。

应用领域　发电(包括分布式发电)。

竞争机型　竞争机型为西门子能源公司的 SGT - 50 燃气轮机和索拉涡轮公司的 Saturn 20 燃气轮机。

2. 研制历程

OP16 燃气轮机于 1991 年开始研制,2005 年 6 月开始投入使用;具体研制概况如下表所列。

OP16 燃气轮机研制概况

时　间	研 制 里 程 碑
1991 年	开始研制 OP16 燃气轮机
2000 年初期	完成 OP16 燃气轮机定型

续　表

时　间	研 制 里 程 碑
2003 年 9 月	在位于德国多斯腾的鲁尔加斯试验设施上完成 400 h 外场鉴定试验
2004 年 11 月	将 OP16-3A 燃气轮机投放市场
2005 年 6 月	交付首台 OP16 燃气轮机
2007 年 9 月	位于挪威斯塔万格的 5 000m² 厂房完成建设
2010 年 2 月	组装完成用于向亨格罗市区域供热系统供热和供电的燃用热解油型 OP16 燃气轮机
2010 年 11 月	获得荷兰政府用于研制下一代舰船发电用燃气轮机的创新补助资金
2012 年 7 月	开始对外租赁/租用移动式 OP16 燃气轮机成套设备
2014 年 6 月	将具有灵活燃料适应性的 OP16-3C 燃气轮机投放市场
2017 年 12 月	欧谱纳径流涡轮公司被中国大连派思燃气系统股份有限公司收购
2019 年	在中国安装完成首台 OP16 燃气轮机

3. 结构和性能

1）结构特点

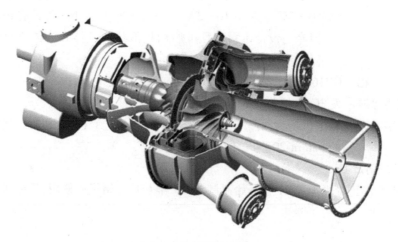

OP16 燃气轮机结构

（1）压气机：高效、单级离心式。

（2）燃烧室：采用专门研制的可控油气比燃烧系统,该系统由 1 个文丘里管预混器、1 个单或双燃料喷嘴、1 个火焰筒构成。贫油、充分预混燃烧系统使燃气轮机在整个运行范围内产生的排放极低,可使 NO_x 的排放控制在 25 ppm 以内。

OP16－3A 燃烧室有 4 个周向均匀分布的逆流可更换式火焰筒。

（3）涡轮：单级、高膨胀比、径流式涡轮。

（4）附件传动系统：高效、整体式行星齿轮箱，可用于 50 Hz 或 60 Hz 发电领域。轴承设置于低温进气侧，高温侧没有轴承，不用担心润滑油受热消耗或耗散到烟气中。

2）性能参数

发电型 OP16－3A/B/C 燃气轮机（50/60 Hz）的主要参数

参　　数	数　　值
功率/MW	1.9
效率/%	25.1
压比	6.7
热耗率/[kJ/(kW·h)]	14 343
质量流量/(kg/s)	8.7
排气温度/°C	573
发电电压/V	≤13 800

发电型 OP16 燃气轮机的尺寸和重量

参　　数	数　　值
长度/mm	7 600
宽度/mm	2 100
高度/mm	2 600
重量（发电机组）/kg	1 800

意大利

安萨尔多能源公司

1. 概况

安萨尔多能源公司(Ansaldo Energia SpA)是全球重要的燃气轮机生产厂商之一,总部位于意大利热那亚。公司前身是 1853 年成立的乔瓦尼-安萨尔多公司;1991年正式更名为安萨尔多能源公司;2006 年收购荷兰汤普生涡轮系统公司;2012 年收购瑞典特拜克公司;2014 年与中国上海电气集团股份有限公司在上海成立合资公司;2016 年购买了法国阿尔斯通公司重型燃气轮机技术和电力系统制造技术。

公司于 1923 年首次建成发电厂,1949 年获得美国通用电气公司汽轮机和发电机生产许可,1962 年首次建成 600 MW 超临界发电厂,1989 年获得瑞士阿西布朗勃法瑞公司汽轮机和发电机生产许可,1991 年获得德国西门子股份公司燃气轮机生产许可,1995 年首次建成燃气轮机联合循环发电厂,2005 年实现技术自立,2016年成立燃气轮机全球研发中心。公司不仅具备完整的燃气轮机研发和设计技术,还具备独立完成燃气轮机整机研发的能力,在燃烧技术方面尤为突出。2005 年,公司推出了自主研发的 VeLoNO$_x$ 燃烧系统,实现了超低排放。在低热值燃料燃烧技术方面,安萨尔多能源公司生产的 AE94.2 机型甚至可燃烧热值低至 3 MJ/m^3 的燃料。燃气轮机具有极强的环境适应性,不管是在极寒的俄罗斯地区,还是在酷热的中东和北非地区,燃气轮机都表现出极高的可靠性和经济性,这使得燃气轮机在欧洲区域和中东地区广受用户青睐。为了适应欧洲严苛的部分载荷排放标准,公司对部分载荷的性能进行了改进,使得燃气轮机具有更低的部分载荷排放以及更高的部分载荷效率。F 级燃气轮机采用了全载荷预混燃烧技术,去除了扩散燃烧模式,进一步降低了部分载荷下的 NO$_x$ 排放量,同时提高了部分载荷下的燃烧稳定性。

公司业务涉及电站建设总承包,电力设备和分布式能源设备设计、制造和服务,核电工程建设,重型燃气轮机,以及电站的全套维护服务。重型燃气轮机产品为 E、F、H 级,包括 AE64.3A、AE94.2、AE94.3A、GT26、GT36 - S6、GT36 - S5 等,功率等级为 80~538 MW。其中,AE64.3A 燃气轮机是 AE94.3A 燃气轮机的缩比型,GT36 燃气轮机吸取了各型燃气轮机尤其是 GT26 燃气轮机经验证的先进技术。微型燃气轮机产品为 AE - T100 燃气轮机。燃气轮机产品凭借高效率、高可靠性、较强的燃料适应性、较好的运行灵活性、易于维护等优势,广泛应用于发电、机械驱动等领域。

2. 组织机构

安萨尔多能源公司负责燃气轮机、汽轮机、发电机的设计、制造和试验研究;安萨尔多能源公司瑞士分部负责燃气轮机的设计、制造和试验;电力系统制造公司和安萨尔多汤普生公司分别负责 F 级和 E 级燃气轮机的运行和维护。

公司总部成立了业务、研发、运营、中心职能 4 类部门。业务部门负责合同管理、市场开发和各业务线任务分配;研发部门负责产品和技术创新;运营部门负责工程、制造和供应链等业务;中心职能部门负责公司总部和下属公司各业务的协同。商业活动依托新型装置和全球服务 2 个下属部门开展。新型装置下属部门负责简单与联合循环燃气动力装置、热动力装置部件和整机的设计、制造和安装;全球服务下属部门负责提供各种复杂等级的保障服务以及现场管理长期服务协议中的技术更改。

3. 竞争策略

为全面满足用户需求,公司始终将燃气轮机的适用性摆在中心位置。快速起动、减少环境污染和增大功率是公司满足目前燃气轮机市场需求的具体举措。公司通过提高燃气轮机的功率和效率,实现了公司增收和降费;公司通过升级各功率等级燃气轮机,提高了燃气轮机的性能和用户收益;同时,公司还注重微型燃气轮机燃料的适用性,开发了生物燃料、柴油、植物油、液化天然气、乙醇、甲醇等多种燃料。在市场开拓方面,随着公司 40% 股权于 2014 年由上海电气集团股份有限公司购得,公司开拓了微型、重型燃气轮机的巨大市场。

公司凭借在燃气轮机部件研发和持续改进方面积累的丰富经验,优化了寿命延长和部件检修技术,降低了维护成本,满足了用户需求;凭借先进部件维修的全球交付网络、断电管理、远程监控和诊断中心、维修预测工具等,公司提升了在维修服务市场的商业价值。

AE－T100

1. 一般情况

主制造商　瑞典 Turbec AB(2000~2005 年);

意大利 Turbec SpA(2005~2012 年);

意大利 Ansaldo Energia SpA(2012 年至今)。

供 应 商　意大利 API COM SrL;

法国 Eneria;

丹麦 Frichs Kraftvarme Service A/S;

荷兰 Geveke Power Systems, PON CAT;

英国 NewEn Co. Ltd. 。

结构形式 离心式、单轴、高速微型燃气轮机。

功率等级 75~108 kW(热电联供)。

现　状 生产。

产　量 截至 2020 年初,已制造 650 台。

改进改型 AE - T100NG　在基本型基础上的燃用天然气型。

　　　　　AE - T100B　在基本型基础上的燃用生物燃料型。

　　　　　AE - T100E　在基本型基础上的外燃式燃气轮机。

价　格 7.8 万~8.3 万美元(2020 年)。

应用领域 热电联供和冷热电三联供。

竞争机型 在 100 kW 功率等级,由于美国凯普斯通绿色能源公司的 TA - 100 微型燃气轮机已停产,无直接竞争机型。

2. 研制历程

AE - T100 燃气轮机于 2000 年 4 月开始研制;2001 年 9 月,在瑞典开始安装温室用热电联供型机组;具体研制概况如下表所列。

AE - T100 燃气轮机研制概况

时　间	研 制 里 程 碑
2000 年 4 月	瑞典特拜克公司开始研制 T - 100 燃气轮机
2001 年 9 月	在瑞典开始安装温室用热电联供型机组
2003 年 3 月	在日本安装第 1 台 T - 100 热电联供燃气轮机
2005 年 4 月	特拜克公司改组为特拜克股份公司,总部迁至意大利
2008 年 8 月	在瑞典马尔默市安装燃用沼气的 T - 100 燃气轮机
2009 年 5 月	在以色列基布兹萨马安装备用型 T - 100 燃气轮机
2012 年 6 月	在西班牙的太阳能塔式发电站上应用 T - 100 燃气轮机
2012 年第 3 季度	安萨尔多能源公司收购特拜克股份公司,改称为安萨尔多特拜克业务单元,将 T - 100 燃气轮机重新命名为 AE - T100 燃气轮机
2017 年	取消特拜克业务单元,由安萨尔多能源公司负责生产 AE - T100 燃气轮机

3. 结构和性能

1)结构特点

(1)进气装置:径向进气。

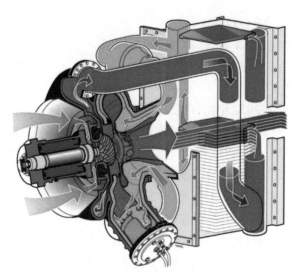

AE－T100 燃气轮机结构

（2）压气机：单级离心式。

（3）燃烧室：逆流、单管、贫油预混低污染设计。

（4）涡轮：单级径向式。

（5）控制系统：自动式,通过传感器监测机组所需换热量、燃气压力、滑油温度和振动情况;达到临界扭矩时,系统自动停机,并且将故障信号记录于功率模块控制器中。

（6）排气换热装置：气-水换热器,逆流式,排气中的热能由该装置传输到热水系统,供终端用户使用(如冬季供暖、热水生产、溴化锂吸收式热泵系统等)。

2) 性能参数

发电型 AE－T100NG、AE－T100B 和 AE－T100E 燃气轮机的主要参数

参　　数	AE－T100NG	AE－T100B	AE－T100E
功率/kW	100±3	105±3	<75
效率/%	30±2	30±2	—
总效率/%	≤90	≤90	—
质量流量/(kg/s)	0.79	0.79	0.79
排气温度/℃	270	270	—
NO_x 排放 [15% O_2(体积分数)]/ppm	<15	<15	—

续　表

参　　数	AE－T100NG	AE－T100B	AE－T100E
CO 排放［15% O$_2$（体积分数）］/ppm	<15	<15	—
噪声等级(@1 m)/dB	72	72	72
输出交流电压(三相)/V	400	400	400

发电型和热电联供型 AE－T100NG、AE－T100E、AE－T100B 燃气轮机的尺寸和重量

参　　数	AE－T100NG 和 AE－T100E		AE－T100B	
	发电型	热电联供型	发电型	热电联供型
长度/mm	2 770	3 900	2 770	3 900
宽度/mm	900	900	1 100	1 100
高度[①]/mm	1 900/3 300	1 900/3 300	1 900/3 300	1 900/3 300
重量[①]/kg	2 250/2 750	2 770/3 100	2 250/2 750	2 770/3 100

注：① 室内/室外布局。

GT26

1. 一般情况

主制造商　瑞士 Asea Brown Boveri Ltd.（1993～2000 年）；

法国 Alstom（2000～2015 年）；

美国 General Electric Co.（2015～2016 年）；

意大利 Ansaldo Energia SpA（2016 年至今）。

供 应 商　美国 BASF AG（氧化催化剂）。

结构形式　单轴、轴流式、重型工业燃气轮机。

功率等级　240～289 MW。

现　　状　生产。

产　　量　截至 2020 年初，已制造和安装 106 台。

价　　格　8 040 万美元（2018 年）。

应用领域　工业发电（包括热电联供、联合循环和联合循环热电联供）。

竞争机型　竞争机型为西门子能源公司的 SGT6－6000G 燃气轮机、三菱动力株式会社的 M701F 燃气轮机和通用电气公司的 MS9001FA 及 MS9001FB 燃气轮机。

2. 研制历程

GT26 燃气轮机于 1993 年 9 月开始研制，1996 年开始商业运行；具体研制概况如下表所列。

GT26 燃气轮机研制概况

时 间	研 制 里 程 碑
1993 年 9 月	瑞士阿西布朗勃法瑞公司开始研制 GT26 燃气轮机
1995 年	获得首台燃气轮机订单
1995 年末	开始试验首台燃气轮机
1996 年 11 月	首次在德国瑞恩哈菲电站商业运行
1999 年	法国阿尔斯通公司与阿西布朗勃法瑞公司成立合资公司，双方各占 50% 比例，与当时发电设备供应商龙头企业——通用电气公司展开竞争
2000 年	阿尔斯通公司购买阿西布朗勃法瑞公司在合资公司中的全部股份
2001 年	发布对燃气轮机的升级和改进计划，压气机是改进计划的重要部分
2004 年春季	交付配置改进压气机的燃气轮机
2006 年	通过增加压气机的质量流量使燃气轮机的输出功率增大到 288 MW
2010 年 7 月	获得印度安得拉邦东戈达瓦里区联合循环电厂三期项目 2 套燃气轮机发电机组的订单
2010 年 10 月	获得新加坡大士能源发电（私人）有限公司 1 套燃气轮机发电机组的订单
2011 年	再次对燃气轮机进行升级改进，配置了顺序燃烧环境友好型燃烧室，提高了额定输出功率和效率
2015 年 11 月	阿尔斯通公司电力与电网业务被通用电气公司收购
2016 年 1 月	安萨尔多能源公司购买了通用电气公司 GT26 燃气轮机的所有知识产权
2016 年 3 月	阿曼水电采购公司采购 4 套 GT26 燃气轮机发电机组

3. 结构和性能

1）结构特点

（1）进气装置：径向进气，有过滤和消声系统供选用。

（2）压气机：22 级轴流式，轮盘间采用电子束焊接连接。前 3 级静子叶片可调，带有 4 个抽气阀和 3 个放气阀。转子叶片和静子叶片由耐腐蚀的高铬钢制造，无防护涂层。第 2~22 级转子叶片固定在旋转轴轮盘的榫槽内，第 1 级转子叶片采用燕尾形榫头，第 1~16 级静子叶片安装于机匣的周向槽内，第 17~22 级静子叶片安装于水平对开机匣内。

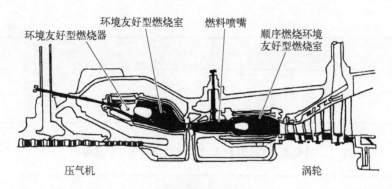

GT26 燃气轮机结构

（3）燃烧室：采用前后 2 级环形燃烧室的顺序燃烧技术。传统环境友好型环形燃烧室采用 20 个干低 NO_x 火焰筒,顺序燃烧环境友好型干低 NO_x 燃烧室由 24 个顺序燃烧环境友好型火焰筒组成,基于在环境友好型火焰筒中验证的相同贫油预混和涡破裂技术。顺序燃烧系统从给定体积的压缩空气中提取最大能量,部分压缩空气在第 1 级涡轮膨胀后,通过再点火和增加压缩空气的热能,在不提高质量流量、压比或涡轮出口温度的情况下,实现了较大的功率输出和较高的效率。

（4）涡轮：5 级轴流式。工作叶片由镍基高温合金制造,喷涂防腐涂层。前 4 级采用先进的冲击、气膜和对流复合冷却技术,即使在严苛的运行条件下,也能确保金属温度处于设计极限以下。为了确保 1 255℃涡轮进口温度条件下的结构完整性,工作叶片(第 1~3 级)采用定向凝固材料。所有工作叶片固定于轮盘的榫槽内。

（5）控制系统：采用 EGATROL®控制系统,其具有开环、闭环、保护和监控功能,包括对转速、频率和温度进行冗余闭环控制。起动和停机过程全自动化,通过控制机构实现燃气轮机的自我保护,以及监测振动和存储工作数据。

2）性能参数

热电联供和开式循环型 GT26B(50 Hz)燃气轮机的主要参数

参　　数	数　　值
总发电功率/MW	288.3
总效率/%	38.1
压比	30
热耗率/[kJ/(kW·h)]	9 400
质量流量/(kg/s)	632
排气温度/℃	615

参　　数	数　　值
NO$_x$ 排放［15% O$_2$（体积分数）］/ppm	<25（天然气）
	<42（燃油）

发电型 GT26B（50 Hz）燃气轮机的尺寸和重量

参　　数	数　　值
长度/mm	12 300
宽度/mm	5 000
高度/mm	5 500
重量/kg	370 000

GT36

1. 一般情况

主制造商　法国 Alstom（2009～2015 年）；

　　　　　　美国 General Electric Company（2015～2016 年）；

　　　　　　意大利 Ansaldo Energia SpA（2016 年至今）。

结构形式　单轴、轴流式、重型工业燃气轮机。

功率等级　340～500 MW。

现　　状　生产。

产　　量　截至 2020 年 11 月，已安装 1 台。

改进改型　GT36‑S5　50 Hz 频率。

　　　　　　GT36‑S6　60 Hz 频率。

价　　格　简单循环装置为 6 800 万美元（2018 年）。

应用领域　工业发电（包括热电联供、联合循环和联合循环热电联供）。

竞争机型　竞争机型为西门子能源公司的 SGT5/6‑8000H 燃气轮机、三菱动力
　　　　　　株式会社的 M501/701 燃气轮机和通用电气公司的 MS9001 燃气轮机。

2. 研制历程

GT36 燃气轮机于 2009 年开始研制，2020 年开始商业运行；具体研制概况如下
表所列。

GT36 燃气轮机研制概况

时　间	研 制 里 程 碑
2009 年	法国阿尔斯通公司开始研制 GT36 燃气轮机
2013 年	在德国宇航研究中心开始试验 GT36 燃气轮机燃烧系统
2015 年	在瑞士比尔试验电站开始试验 GT36 燃气轮机
2015 年 11 月	阿尔斯通公司电力与电网业务被通用电气公司收购
2017 年 5 月	在比尔试验电站完成燃气轮机第 1 阶段的综合验证计划
2016 年 1 月	安萨尔多能源公司购买了通用电气公司 GT36 燃气轮机的所有知识产权
2018 年 11 月	开始在中国国家电投上海电力股份有限公司开展首台 GT36 燃气轮机的示范运行
2019 年 11 月	在 GT36 燃气轮机上进行 100%氢燃料燃烧室全尺寸全压试验
2020 年 11 月	向意大利马尔盖腊港联合循环电站交付首台 GT36 燃气轮机

3. 结构和性能

1）结构特点

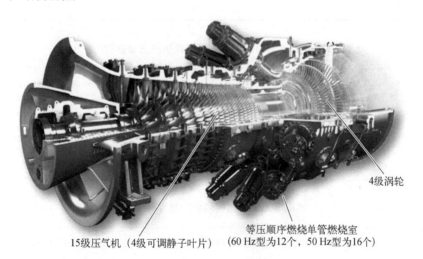

15级压气机（4级可调静子叶片）　　等压顺序燃烧单管燃烧室
（60 Hz型为12个，50 Hz型为16个）

4级涡轮

GT36 燃气轮机结构

（1）压气机：共 15 级，前 4 级静子叶片可调，以提高效率。虽然级数少于 GT26 燃气轮机，但涡轮排气压力超过 2.5 MPa。公司还宣称质量流量在 H 级中最大。

（2）燃烧室：采用与 GT26 燃气轮机相似的前后 2 级顺序燃烧技术，进一步缩短了燃气停留时间，进而显著降低了 NO_x 的排放；结构为单管形，GT36 - S6 和 GT36 - S5 的单管数量分别为 12 个和 16 个。由于涡轮机匣不需要拆卸到准许进入的程度,与环形燃烧室相比,单管燃烧室更易于维护。

(3) 涡轮:4 级气冷式。第 1 级工作叶片采用单晶铸件和三维芯体设计,确保在较高温度条件下具有更高的强度和冷却效率。第 1 级工作叶片和导向叶片喷涂了双层热障涂层,可承受更高温度。

2) 性能参数

发电型 GT36(简单循环、燃用天然气)燃气轮机的主要参数

参　　数	GT36 - S5(50 Hz)	GT36 - S6(60 Hz)
功率/MW	500	340
效率/%	41.5	41.0
压比	25	24
热耗率/[kJ/(kW·h)]	8 675	8 780
质量流量/(kg/s)	1 010	700
排气温度/℃	624	630
输出转速/(r/min)	3 000	3 600

联合循环发电型 GT36 燃气轮机的主要参数

参数	GT36 - S5(50 Hz)		GT36 - S6(60 Hz)	
发电装置配置	1+1	2+1	1+1	2+1
功率/MW	760	1 525	520	1 046
效率/%	62.6	62.8	62.3	62.6

发电型 GT36 燃气轮机的尺寸和重量

参　　数	GT36 - S5(50 Hz)	GT36 - S6(60 Hz)
长度/mm	14 700	10 400
宽度/mm	7 000	4 900
高度/mm	6 400	5 800
重量/kg	615 071	358 792

日　本

川崎重工业株式会社

1. 概况

川崎重工业(Kawasaki Heavy Industries)株式会社是全球先进的专门从事综合性工程技术的企业。会社注册地点为日本神户市,设有东京总公司和神户总公司。会社前身为1878年成立的川崎筑地造船厂;1939年更名为川崎重工业株式会社;1998年成立作为其在德国的燃气轮机销售、服务网点的川崎燃气轮机欧洲公司;1999年成立作为其在美国的燃气轮机销售、服务网点的川崎燃气轮机美洲公司;同年成立作为其在马来西亚的燃气轮机销售、服务网点的川崎燃气轮机亚洲公司;2000年成立作为其在日本和远东地区的燃气轮机销售、服务网点的川崎机械系统公司;2005年以会社所属的能源与环保成套设备部门为基础组建能源与环保成套设备公司,实现分公司独立运作。

会社开发了燃气轮机气动和冷却、废气低排放、多燃料适应性、远程监控、先进控制系统和热电比可变等先进技术,并且不断予以完善,而燃气轮机产品正是这些技术的结晶;会社开发了包括复杂冷却空气流在内的解析或多级解析等气动技术,实现了对隔热空气的流量、压力的精确控制,提高了冷却效率;除采用传统的喷蒸汽/喷水方式降低污染物排放外,会社还开发了稀薄预混燃烧、催化燃烧等先进燃烧技术,极大地降低了NO_x的排放;燃气轮机可燃用双燃料和三重燃料,提高了燃料的适应性;会社开发出的远程监控系统,实现了对燃气轮机的预测维护、节能减排、故障检修和维修费用的缩减,提高了燃气轮机的维修保养效率;燃气轮机采用可编程逻辑控制器和以程序控制为基础的控制装置,控制界面均采用标准的触摸画面;热电比可变技术可将产生的饱和蒸汽喷射至燃气轮机内,提高发电输出功率。

会社业务涉及交通运输、能源、工业设备和休闲娱乐等领域。燃气轮机产品为S1/S2、M1A/M1T、M7A、L20A、GPS2000、GPS5000和MGP1250等。会社于1970年开始分别对采用燃气轮机的坦克、卡车、铁路机车和发电设备进行试车。1972年,自行开发的KG72燃气轮机(220 kW)首次运转,并于1973年对配装该燃气轮机的娱乐游船进行试航。1974年,开始运转S1A-01燃气轮机(190 kW)试制机。1975年,开始运转M1A-01燃气轮机(1.2 MW)试制机。1978年,开始运转S2A燃气轮机(700 kW)试制机。1980年,开始运转M1A-03燃气轮机(1.5 MW)试制机;

同年,开始运转 S3 燃气轮机(89.4 kW)试制机。1981 年,开始运转 S5 燃气轮机(23.8 kW)试制机。1985 年,开始运转 M1F-03 燃气轮机(1.5 MW)试制机。1987 年,宣布 M1A-13 燃气轮机(1.5 MW)正式投入运行。1989 年,开始运转 M1A-23 燃气轮机(2.0 MW)试制机。1991 年,首次运转 M7A-01 燃气轮机(6.0 MW)试制机。1995 年,开发出 1.5 MW 级燃气轮机用于低氮氧化物燃烧系统。1996 年,首次运转 M7A-02 燃气轮机(7.0 MW)试制机。1998 年,开始运转 S7A-01 燃气轮机(730 kW)试制机,该燃气轮机在中小型同类产品中首次采用热交换器。2000 年,开始对 M7A-02 燃气轮机的比例增大型 L20A 燃气轮机(18 MW)试制机进行试验。2001 年,正式生产催化燃烧型 M1A-13X 燃气轮机(1.5 MW)。2002 年,开始运转 M1A-33 燃气轮机(3.0 MW)试制机。2004 年,售出采用 L20A 的 GPCS5001 联合循环装置。2006 年,研制成功 7.7 MW 级 M7A-03 燃气轮机。2009 年,研制成功 NO_x 排放为 15 ppm 的 M7A-03D 燃气轮机。2010 年,研制成功 1.7 MW 级 M1A-17 燃气轮机。2011 年,研制成功 NO_x 排放为 9 ppm 的 M7A-03D 燃气轮机。2012 年,宣布研制成功 L20A 燃气轮机的比例扩大型 L30A 燃气轮机(30 MW)。产品凭借先进的燃气轮机集成技术(空气动力设计、冷却技术)、流体分析技术、废气低排放(蒸汽/喷水、贫燃料预混燃烧、催化燃烧)、多燃料、电气系统(热电联供设备瞬间电压降低控制技术)、控制系统(可编程逻辑控制器)、扭矩限制技术、热电比可变型燃气轮机等技术优势,广泛应用于分布式发电、热电联供和联合循环等领域。

2. 组织机构

会社下设 6 个事业部,分别为船舶海洋公司、车辆公司、航空航天系统公司、能源与环保成套设备公司、摩托车与发动机公司、精密机械与机器人公司。其中,能源与环保成套设备公司以水泥、化工及有色金属等行业的各种工业成套设备以及城市垃圾焚烧为主,提供环境保护设备从设计到销售的一体化服务;以节约能源、降低环境载荷为重点,在全球开展能源、社会基础设施、环境保护各领域的事业。另外,能源与环保成套设备公司向全球提供各种陆用、舰船用汽轮机、内燃机以及空气动力、水力设备,其中绿色燃气轮机是具备先进环保性能的新产品。公司还建立了燃气轮机国际销售网,在欧洲、北美、东南亚、远东与中国指定代理商,形成国际化市场与服务网络。

3. 竞争策略

会社主要以错位竞争寻找发展立足点。在日本,面向电力公司的重型燃气轮机市场主要由三菱动力株式会社、美国通用电气公司和英国罗尔斯·罗伊斯公司把持,川崎重工业株式会社无法单独进入。另外,输出能力在 40~80 MW 的中型燃气轮机也由三菱动力株式会社同国外厂商合作研制,只有 20 MW 的小型燃气轮机是一个"空白地带"。为此,会社集中技术力量,研制先进中小型燃气轮机技术,如干低排放燃烧、流体分析和蒸汽/注水等技术,通过使用专有的远程监控系统监控燃气轮机运行状况,为客户提供快速、准确的服务,有效拓展中小型燃气轮机市场。

S1/S2 系列

1. 一般情况

主制造商　日本 Kawasaki Heavy Industries(KHI),Gas Turbine Division,Akashi Works(主制造商);

德国 Caterpillar Energy Solutions GmbH(MWM)(许可生产商);

日本 Kawasaki Heavy Industries(KHI),Seishin Works(第二制造商)。

结构形式　S2A-01 为离心式单轴微型燃气轮机。

功率等级　400~610 kW。

现　状　仅 S2A-01 仍在生产。

产　量　截至 2019 年 9 月,共安装 1 174 台(S1 和 S2 燃气轮机分别为 990 台和 184 台)。

改进改型　**S1A-02/03**　功率为 200 kW。

S1T-02/03　由两台 S1A-02/03 燃气轮机组成,共用一个减速齿轮箱。

S2A-01　在 S1A 燃气轮机的基础上增加 1 级涡轮,增大功率。

GPB06　基于配置单管形燃烧室的 S2A-01 燃气轮机机组,用于热电联供领域的基本载荷发电,功率等级为 500~600 kW。

GPS750　配置 S2A-01 燃气轮机且用于热电联供领域的备用或应急发电机组,功率等级为 400~600 kW。

MGP/TGP750　配置 S2A-01 燃气轮机的移动发电机组。MGP 系列为车载式装置,TGP 系列为拖车式装置,都可用于应急发电或临时电力供应。

S3/S5 系列　基于 S1/S2 系列燃气轮机开发的用于机械驱动的更小功率型(89.4/23.8 kW)燃气轮机。

价　格　S2A-01 为 56 万~57.5 万美元(2019 年)。

应用领域　S2A-01 主要用于发电(包括备用电源),还可安装于卡车和拖车上用作移动应急电源。

竞争机型　S2A-01 的竞争机型为凯普斯通绿色能源公司的 C600 燃气轮机。

2. 研制历程

S1A 燃气轮机于 1973 年开始研制,1974 年开始进行首台原型机试验;随后对 S1A 进行改进,研制出 S2A 系列燃气轮机;具体研制概况如下表所列。

S1/S2 系列燃气轮机研制概况

时　　间	研　制　里　程　碑
1973 年	开始研制 S1A 燃气轮机
1973 年末期	完成 S1A 燃气轮机设计
1974 年 9 月	完成首台 S1A 燃气轮机原型机试验
1975 年第 2 季度	将 S1A 燃气轮机集成到 200 kV 发电装置上组成首台 PU200 发电装置
1978 年	将 S1A - 02 和 S1T - 02 燃气轮机投放市场
1979 年	将 S2A - 01 燃气轮机投放市场
1980 年	交付首台 GPS750 发电装置
1980 年	研制出 S3 燃气轮机原型机
1981 年	研制出 S5 燃气轮机原型机
1984 年	安装完成首台 S2A - 01 热电联供装置
1986 年末期	在日本安装完成首台 S1/S2 热电联供装置
2010 年 11 月	停止生产 S1 系列燃气轮机
2011~2021 年	未公开 S2 燃气轮机销售情况

3. 结构和性能

1）结构特点

（1）进气装置：径向进气，旋转 90°进入压气机。

（2）压气机：2 级离心式。低压压气机、高压压气机通过空气扩压器连接。转子采用 17 - 4 PH 不锈钢，第 1 级静子叶片采用结构钢，第 2 级静子叶片采用球墨铸铁（65 - 45 - 12），轴采用 Cr - Mo - V 钢（AMS 6302）。

（3）燃烧室：单管形，采用 Hastelloy X 材料，带有垂直对开机匣、单燃料喷嘴、火花塞点火器和励磁器，可燃用双燃料。

（4）涡轮：S1 系列为 2 级轴流式，采用非冷却工作叶片；S2 系列为 3 级轴流式，采用篦齿密封结构，机匣为球墨铸铁材料；S1 系列的盘材料为 MM007，S2 系列的盘材料为 Waspaloy；S1A 的第 1、2 级导向叶片材料分别为 X - 45 和 N - 155；S2A 的第 1、2 级导向叶片材料为 X - 45，第 3 级导向叶片材料为 N - 155；S2A 的第 1 级工作叶片采用 MAR - M007 或 In792K，第 2 级工作叶片采用 In713C 或 In792K，第 3 级工作叶片采用 In713C，第 3 级盘采用 In718。

（5）附件传动系统：采用直流电动机或气压马达起动；带有标准型电液压控

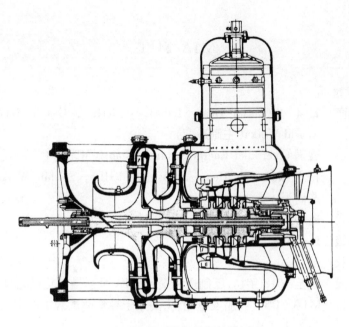

S1/S2 系列燃气轮机结构

制器;输出齿轮箱转速为 1 500/1 800 r/min;齿轮箱壳体由灰铸铁件制成,齿轮由
Cr－Mo 钢制成。

2）性能参数

发电型 S2A－01 燃气轮机的主要参数

参　　数	GPB06	MGP750
发电功率/kW	600~610	600
输出转速/(r/min)	31 500	31 500
燃油消耗/(kg/h)	221. 1	221. 1

发电型 S2A－01 燃气轮机的尺寸和重量

参　　数	GPB06	MGP750
长度/mm	4 950	9 340
宽度/mm	2 800	2 500
高度/mm	5 500	3 740
重量/kg	8 400	19 500

M1A/M1T

1. 一般情况

主制造商　日本 Kawasaki Heavy Industries（KHI），Gas Turbine Division，Akashi Works（主制造商）；

　　　　　德国 Caterpillar Energy Solutions GmbH（MWM）（许可生产商）；

　　　　　日本 Kawasaki Heavy Industries（KHI），Seishin Works（第二制造商）。

结构形式　离心式、单轴或双轴工业燃气轮机。

功率等级　1~5 MW。

现　状　生产。

产　量　截至 2018 年初,已制造和安装 M1A 系列燃气轮机超过 421 台。

改进改型　M1A-05　舰船发电型,主要用于导弹驱逐舰上的主发电装置,功率为 1.2 MW。

　　　　　M1A-13　主要用于热电联供装置,国际标准环境条件下的基本额定功率为 1.5 MW。

　　　　　M1A-13A　配置干低排放燃烧室型。

　　　　　M1A-13CC　配置蒸汽喷射系统的程式循环型,国际标准环境条件下的额定功率为 2.3 MW。

　　　　　M1A-17D　用于验证氢气和天然气混合燃烧系统的试验型。

　　　　　M1A-23/M1T-23　功率增大型,M1T-23 的功率约为 4.1 MW。

　　　　　M1A-33/M1T-33　M1A-33 为单轴型;M1T-33 为 M1A-33 的双轴型,用于备用发电装置,配置 PU6000 备用发电装置的功率为 4.8 MW。

价　格　200 万美元(2019 年)。

应用领域　发电(包括热电联供和蒸汽喷射热电联供)。M1A 系列还用于机械驱动。

竞争机型　竞争机型为索拉涡轮公司、三菱动力航改燃气轮机有限责任公司和维利科动力系统有限责任公司的同等功率级燃气轮机产品。

2. 研制历程

M1A/M1T 燃气轮机于 1974 年开始研制,1978 年首台生产型燃气轮机完成组装,具体研制概况如下表所列。

M1A/M1T 燃气轮机研制概况

时　间	研 制 里 程 碑
1974 年	开始将 S1/S2 燃气轮机按等比例放大方式研制 M1A/M1T 燃气轮机
1978 年	将 M1A－01 燃气轮机投放市场
1979 年	将 M1T－01 燃气轮机投放市场
1984 年 4 月	在美国开始运行首台 M1A－03 燃气轮机
1986 年 4 月	利用 M1A－13CC 热电联供型燃气轮机开发程式循环技术
1986 年 9 月	在美国开始运行首台 M1A－01 燃气轮机联合循环装置
1989 年初期	将热电联供型 M1A－13 和 M1A－13CC 燃气轮机投放市场
1989 年	利用 M1A－13A 燃气轮机研制第一代干低排放技术,最终实现了 NO_x 的排放低于 42.8 ppm 的目标
1990 年 8 月	开始开展 M1A－23 燃气轮机试验
1991 年 1 月	在美国开始运行首台 M1A－13 燃气轮机
1991 年末期	将 M1A－23/M1T－23 系列燃气轮机投放市场
1992 年	研制第二代称为无氮氧化物燃烧室的干低排放技术
1997 年	在 75%～100% 载荷状态下 NO_x 的排放达到 21 ppm
2001 年末期	在美国开始运行配置无氮氧化物燃烧室的 M1A－13X 燃气轮机
2004 年上半年	研制成功功率为 4.8 MW 的 M1T－33 燃气轮机
2013 年 6 月	验证配置低 NO_x 燃烧室的 M1A－17D 燃气轮机
2015 年 5 月	利用 M1A－17D 燃气轮机开展燃用氢气和天然气混合燃料的验证试验

3. 结构和性能

1）结构特点

（1）压气机：2 级离心式;轮盘采用 17－4 PH 不锈钢材料制成,静子叶片采用 FCD45 材料铸造,轴采用 17－22A(S) 铸铁材料制成。

（2）燃烧室：单管回流式,垂直偏置安装,便于维护和检查;带有 1 个燃料喷嘴和 1 个点火电嘴,可燃用多种重油或者较低级别的燃料;火焰筒和蜗壳材料为 Hastelloy X。

（3）涡轮：3 级轴流式(M1A－23 为 4 级);前置齿轮箱的输出转速为 1 500～1 800 r/min;第 1～2 级工作叶片采用 B1900 材料,第 3 级工作叶片材料为 In713C;

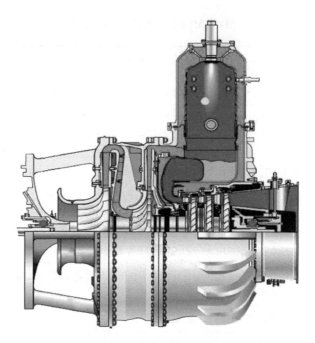

M1A - 13A 燃气轮机结构

第 1~2 级导向叶片材料为 X - 45,第 3 级导向叶片材料为镍钢铸件;第 1 级涡轮盘采用 Waspaloy 耐高温镍基合金制成,其他级涡轮盘材料为 In718。

（4）附件传动系统:采用电动机起动,也可选择空气或燃气膨胀涡轮起动;带有 1 个滚珠推力轴承和 1 个滚棒径向轴承,主要材料是 M50 钢。

2）性能参数

简单循环发电型 M1A/M1T 燃气轮机的主要参数

参　数	M1A - 11	M1A - 13	M1A - 13CC	M1A - 13CC（蒸汽）	M1A - 13D	M1A - 13X	M1A - 23	M1T - 13	M1T - 13D	M1T - 23
功率/MW	1.2	1.5	1.3	2.3	1.5	1.4	2.1	2.9	2.9	4.1
效率/%	23.2	24.2	21.7	32.0	24.0	23.7	24.8	23.9	23.7	24.5
压比	9.3	9.4	7.6	8.9	9.5	9.6	11.4	9.4	9.5	11.4
热耗率/[kJ/(kW·h)]	15 546	14 862	16 587	11 247	15 093	15 182	14 548	15 093	15 234	14 674
质量流量/(kg/s)	8.1	8.0	7.7	8.6	7.9	7.9	9.8	16.1	15.9	19.6
排气温度/℃	464	520	553	579	530	525	569	520	530	569

热电联供型 M1A/M1T 燃气轮机的主要参数

参　数	GPB/GPC15D	GPB/GPC15X	GPB/GPC30D
燃气轮机型号	M1A－13D	M1A－13X	M1T－13D
发电功率(15℃)/MW	1.4	1.4	2.8
发电功率(30℃)/MW	1.2	1.2	2.4
排气温度(15℃)/℃	520	528	520
蒸汽产量(百万)/(kg/h)	4 580	4 550	9 170

热电联供干低排放型 GPB15 装置的主要参数

环境温度/℃	发电功率/MW	效率/%	总效率/%	热回收效率/%
0	1.5	23.9	73.1	49.2
15	1.4	23.6	76.3	52.7
30	1.2	22.2	78.1	55.9
40	1.1	21.1	79.4	58.3

配置无氮氧化物燃烧冷却系统的热电联供型 GPB15X 装置的主要参数

环境温度/℃	发电功率/MW	发电效率/%	总效率/%	热回收效率/%	质量流量/(kg/s)	排气温度/℃	蒸汽产量(百万)/(kg/h)	燃料消耗量/(kg/h)
0	1.6	24.2	75.6	51.4	8.5	527	5 311.8	474
15	1.4	23.4	77.1	53.7	7.9	535	5 039.4	431
30	1.2	22	79.1	57.1	7.4	548	4 857.8	391
40	1.1	20.8	80.2	59.4	7.0	558	4 721.3	366

蒸汽循环热电联供型装置的主要参数

参　数	天然气燃料	液体燃料
功率/MW	2.3	2.3
发电效率/%	21	20.5

续　表

参　　数	天 然 气 燃 料	液 体 燃 料
总效率/%	74	70
蒸汽产量/(kg/h)	0~8 500	0~8 500
燃料消耗量(kg/h)	448	607

M1A/M1T 系列燃气轮机的尺寸和重量

参　数	GPS1250 (M1A - 01)	GPS1500 (M1A - 03)	GPS1750 (M1A - 06)	GPS2000 (M1A - 23①)	GPS2500 (M1T - 01②)	GPS3000 (M1T - 03)	GPS3500 (M1T - 06)	GPS4000 (M1T - 23)	GPS4500 (M1T - 23S)
长度/mm	7 600	7 600	7 600	8 000	8 000	8 300	8 300	9 100	9 100
宽度/mm	4 000	4 000	4 000	6 600	6 600	6 600	6 600	7 000	7 000
高度/mm	8 600	8 600	8 600	9 150	9 150	9 150	9 150	10 350	10 350
重量/kg	15 700	16 700	18 200	26 000	26 500	28 000	28 000	40 200	41 200

注：① 先前采用 M1T - 01；② 先前采用 M1T - 01S。

热电联供机组的尺寸

参　数	GPB/GPC15D(M1A - 13D)	GPB/GPC15X(M1A - 13X)	GPB/GPC30D(M1T - 13D)
长度/mm	16 000	16 000	19 000
宽度/mm	11 000	11 000	12 500

M7A

1. 一般情况

主制造商　日本 Kawasaki Heavy Industries（KHI），Gas Turbine Division，Akashi Works（主制造商）；

日本 Kawasaki Heavy Industries（KHI），Seishin Works（第二制造商）。

供 应 商　美国 Collins Aerospace Systems，Engine Components（双燃料喷嘴）。

结构形式　轴流式、单轴工业燃气轮机。

功率等级　5~8 MW。

现　　状　生产。

产　　量　截至 2020 年初,已制造和安装超过 135 台 M7A－02/－03 燃气轮机。

改进改型　M7A－01　基本型。

M7A－01D　干低排放型。

M7A－01ST　蒸汽喷射型。

M7A－02　M7A－01 的功率增大型。

M7A－02D　干低排放型。

M7A－03　M7A 系列的最新型和最大功率型,功率为 7.4 MW。

M7A－03D　干低排放型。

PUCS－80　联合循环型。

GPB80D　配置 M7A－03SD 的 7.8 MW 发电装置。

GPB70D　配置 M7A－02SD 的 6.8 MW 发电装置。

GPB60D　配置 M7A－01SD 的 5.5 MW 发电装置。

GPC80　配置 M7A－03D 的 7.2 MW 发电装置。

IES 7000B　配置 M7A－02 的 7 MW 发电装置。

MGP/TGP 移动发电设备　在卡车或拖车上配置动力装置、交流发电机和附属设备的移动式发电系统,功率等级为 0.6~3.2 MW。

价　　格　M7A－02 为 340 万美元(2019 年),M7A－03 为 370 万美元(2019 年)。

应用领域　发电(包括热电联供和联合循环)。

竞争机型　竞争机型为索拉涡轮公司的 Taurus 60 燃气轮机、曙光机械设计科研生产联合体的 UGT－6000 燃气轮机、西门子能源公司的 SGT－200 燃气轮机、罗尔斯·罗伊斯公司的 501－KH5 燃气轮机、通用电气公司的 PGT5B 燃气轮机。

2. 研制历程

M7A 燃气轮机于 1987 年开始研制,1991 年 5 月组装完成首台 M7A－01 燃气轮机原型机,具体研制概况如下表所列。

M7A 燃气轮机研制概况

时　间	研 制 里 程 碑
1987 年	开始研制 M7A 燃气轮机
1991 年 5 月	组装完成首台 M7A－01 燃气轮机原型机
1993 年 2 月	将 M7A－01 燃气轮机投放市场
1994 年 4 月	在日本摄津金属工业株式会社开始运行首台 M7A 燃气轮机
1996 年 6 月	开始研制蒸汽喷射型 M7A－01ST 燃气轮机

续　表

时　间	研 制 里 程 碑
1997 年中期	将 M7A－02 燃气轮机投放市场
2006 年下半年	将功率为 7.4 MW 的 M7A－03 燃气轮机投放市场
2007 年 1 月	制造出第 100 台 M7 系列燃气轮机
2009 年	开发出 NO_x 排放水平为 15 ppm 的 M7A－03 燃气轮机干低排放燃烧系统
2010 年	开发出 NO_x 排放水平小于 9 ppm 的 M7A－03 燃气轮机干低排放燃烧系统
2011 年下半年	将配置 M7A－03 燃气轮机的 GPC80D 热电联供系统投放市场
2016 年 10 月	在日本新能源产业技术综合开发机构的资助下开始利用 M7A－03 燃气轮机开展节能技术探究

3. 结构和性能

1）结构特点

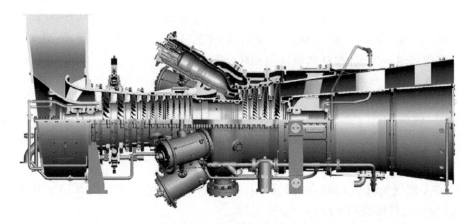

M7A－03 燃气轮机结构

（1）压气机：M7A－01 为 12 级轴流式，M7A－02 为 11 级跨声速轴流式，第 1~6 级转子叶片材料为 Ti－6A1－4V，第 7~11 级转子叶片和所有静子叶片材料为不锈钢。

（2）燃烧室：分管形，有 6 个火焰筒，双壁结构，内壁有热障涂层；采用标准的火花塞点火方式，有 2 个点火电嘴、6 个燃料喷嘴；燃烧室为可拆卸式。

（3）涡轮：4 级轴流式，第 1~2 级工作叶片和导向叶片为冷却设计；M7A－02 采用跨声速设计，工作叶片材料为镍基合金，导向叶片材料为钴基高温合金，所有叶片均为精密铸造。

（4）附件传动系统：采用带扭矩转换器的电动机起动,也可选择液压马达起动机;压气机前有 2 个可倾瓦滑动轴承,涡轮后有 2 个可倾瓦轴承;M7A－01 为行星齿轮轴承,齿轮箱功率为 6 620 kW,可将转速从 13 894 r/min 降至 1 500~1 800 r/min。

（5）控制系统：标准的电动液压控制系统。M7A－01 和 M7A－02 均采用高速数字控制单元,通过 1 个 32 位中央处理器进行转速调节、温度监视、起动和停机程序控制、关机控制。M7A－02 有 1 个单独安装的监控系统,能够通过远程通信进行数据记录和远程监控。

2）性能参数

简单循环发电型 M7A 燃气轮机的主要参数

参　　数	M7A－01	M7A－01D	M7A－02	M7A－02D	M7A－03D
功率/MW	5.5	5.4	6.9	6.7	7.4
压比	12.7	12.7	15.9	15.9	15.9
热耗率/[kJ/(kW·h)]	12 165	12 289	11 806	11 884	10 990
质量流量/(kg/s)	21.17	21.17	26.99	26.99	26.99
排气温度/℃	545	542	522	522	542

热电联供型 M7A 燃气轮机的主要参数

参　数	GPC60 (M7A－01)	GPC60 (干低排放型 M7A－01D)	GPC70 (M7A－02)	GPC70 (干低排放型 M7A－02D)	GPC80 (干低排放型 M7A－03D)
功率/MW	5.8	5.7	7.0	6.712	7.2
蒸汽产量（75%~100%载荷)/(kg/h)	11 900~14 800	13 200~13 700	13 200~14 700	14 400~15 500	15 700~16 500

联合循环型（GPCS 系列）的主要参数

参　　数	GPCS80 (1×M7A－01+ 1×S/T①)	GPCS100 (1×M7A－02+ 1×S/T)	GPCS160 (2×M7A－01+ 1×S/T)	GPCS200 (2×M7A－02+ 1×S/T)
功率/MW	7.9	9.0	16.4	18.7
总效率/%	40.4	41.3	42.0	43.2
热耗率/[kJ/(kW·h)]	8 902	8 720	8 576	8 336

注：① S/T 为蒸汽涡轮。

M7A 系列燃气轮机的尺寸和重量

参　　数	数　　值
长度(-01/-02)/mm	3 700
宽度(-01/-02)/mm	1 500
高度(-01/-02)/mm	1 700
重量(-01/-01ST/-02)/kg	4 500/4 700/5 000

L20A

1. 一般情况

主制造商　日本 Kawasaki Heavy Industries(KHI), Gas Turbine Division, Akashi Works(主制造商);

日本 Kawasaki Heavy Industries(KHI), Seishin Works(第二制造商)。

结构形式　轴流式、冷端驱动单轴工业燃气轮机。

功率等级　14~30 MW。

现　　状　生产。

产　　量　截至 2020 年末,共制造或订购 24 台 L20A 和 3 台 L30A 燃气轮机。

改进改型　L30A　基于 L20A 的功率增大型,功率增至 30 MW。

PUCS250　配置 L20A 燃气轮机,功率为 25 MW 级的标准型联合循环装置。

PUCS500　配置 L20A 燃气轮机,功率为 50 MW 级的标准型联合循环装置。

CPC180D　配置 L20A 燃气轮机,功率为 17 MW 级的标准型联合循环装置。

GPB180　配置 18 MW 单轴型燃气轮机的发电装置,有 GPB180(燃用天然气的传统扩散燃烧型)和 GPB180D(干低排放型)两种型号。

GPS180　GPB180 的优化型,主要用作备用发电设备。

价　　格　价格为 740 万美元(2020 年)。

应用领域　发电(包括分布式发电、热电联供和联合循环)。

竞争机型　竞争机型为西门子能源公司的 SGT－500 燃气轮机、曙光机械设计科研生产联合体的 UGT－15000 燃气轮机、通用电气公司的 LM2500 燃气轮机。

2. 研制历程

L20A 燃气轮机于 1998 年开始研制,2001 年 2 月投放市场,具体研制概况如下表所列。

L20A 燃气轮机研制概况

时　间	研 制 里 程 碑
1998 年	开始研制 L20A 燃气轮机
2000 年	对 L20A 燃气轮机试制机进行试验
2000 年 9 月	组装完成首台 L20A 燃气轮机
2001 年 2 月	将 L20A 燃气轮机投放市场
2001 年 11 月	在会社所属的明石 4 号发电厂开始运行首台 L20A 燃气轮机
2009 年	发布配置干低排放燃烧系统的 L20A 燃气轮机
2009 年 8 月	首次在欧洲获得葡萄牙电力公司 2 台 L20A 燃气轮机的订单
2010~2012 年	开始研制 L30A 燃气轮机
2016 年 10 月	运行配置 L20A 燃气轮机和余热锅炉系统的热电联供装置
2021 年 3 月	首次获得中国潍坊市滨投分布式能源有限公司 1 台 L30A 燃气轮机的订单

3. 结构和性能

1)结构特点

(1)压气机:11 级轴流式;第 1~6 级转子叶片材料为钛合金,第 7~11 级转子叶片为耐热不锈钢;静子叶片材料和进口导向叶片材料为不锈钢。

(2)燃烧室:环管形,有 8 个火焰筒,可安装干低排放型燃烧室。

(3)涡轮:3 级轴流式;工作叶片和导向叶片采用高温合金;第 1 级工作叶片采用熔模铸造的定向凝固材料,各级都采用空气冷却。

(4)附件传动系统:标准燃料为天然气,可选用煤油和高速柴油机燃料。

2)性能参数

简单循环型 L20A 燃气轮机的主要参数

参数	功率/MW	效率/%	压比	热耗率/[kJ/(kW·h)]	质量流量/(kg/s)	涡轮进口温度/℃	排气温度/℃	NO_x 排放[15% O_2(体积分数),天然气燃料]/ppm	干低排放燃烧室 CO 排放[贫油预混多级燃烧器;15% O_2(体积分数),天然气燃料]/ppm
数值	18	35	18	10 714	57.8	1 250	545	<23	<25

环境温度变化条件下 L20A 燃气轮机（天然气燃料，干低排放系统）的主要参数

环境温度/℃	功率/MW	发电效率/%	总效率/%	热回收效率/%	热耗率/[kJ/(kW·h)]	质量流量/(kg/s)	排气温度/℃
0	19.1	34	78.9	44.9	10 050	62.2	535.6
15	17.9	33.5	80.4	46.9	10 190	59.8	541.7
30	16.3	32.5	82.2	49.7	10 520	56.8	552.8
40	14.8	31.1	83.4	52.3	10 994	54.3	565.6

配置 L20A/L30A 燃气轮机的发电机组的主要参数

参　　数	GPB180(L20A)	GPB300(L30A)
功率/MW	19.1	32.4
发电效率/%	34	—
总效率/%	78.9	80.8
热回收效率/%	44.9	—
热耗率(低热值)/[kJ/(kW·h)]	10 604	9 196
质量流量/(kg/s)	60.5	90.2
排气温度/℃	535	509
蒸汽产量(热电联供)/(kg/s)	10.8	14.1

注：海平面、0°C、天然气燃料、无进排气损失、天然气压力 360 psi(1 psi＝0.006 895 MPa)、发电机效率为 97.5%。

L20A/L30A 燃气轮机的尺寸和重量

参　　数	L20A	L30A
长度/mm	17 400	21 600
宽度/mm	6 100	6 200
高度/mm	9 360	5 700
重量/kg	13 100	250 000

三菱动力株式会社

1. 概况

三菱动力(Mitsubishi Power)株式会社是世界领先的专门从事火电系统、环保技术研制的企业,总部位于日本横滨。会社成立于 2014 年,由三菱重工业株式会社和日立株式会社的火力发电事业部整合而成,起初称为三菱日立电力系统株式会社。1961 年,三菱重工业株式会社与西屋电气公司开始建立合作关系,引进技术批量生产燃气轮机;1986 年,与西屋电气公司的技术合作关系终止;2020 年,三菱重工业株式会社收购日立株式会社持有的所有股份后,将三菱日立电力系统株式会社更名为三菱动力株式会社。

会社燃气轮机压气机采用三维设计方法,通过基于三维计算流体力学的分析进行评估。燃烧室采用低 NO_x 技术降低燃烧区域的局部火焰温度,开发了燃烧压力脉动监测系统,当连接到燃烧室的传感器监测到燃烧压力脉动异常时,系统会降低载荷,执行紧急停止或采取其他措施防止设备损坏。燃烧室还采用了增强型空气冷却系统,从压气机抽出的空气由外部冷却器冷却,然后由强化冷却空气压缩机加压,用于冷却燃烧室。涡轮叶片采用了高性能气膜冷却技术,开发了新型陶瓷热障涂层,提高了涡轮叶片的耐高温能力。此外,为了在更高温、更高效和更低排放燃气轮机上验证新技术,建造了 T 点(T-Point)燃气轮机联合循环试验电站,通过长期的商业运行验证具有高效和低环境影响的联合循环发电厂的可靠性。

会社业务涉及发电设备及服务供应。燃气轮机产品包括 FT8、FT4000、H-25、H-100、M501D/F/G/J、M701D/F/G/J 等型号,功率等级为 15~470 MW。早在1961 年,三菱重工业株式会社与西屋电气公司开始建立合作关系,生产西屋电气公司的标准燃气轮机机型。1963 年,会社开始生产第一台涡轮进口温度为 730℃的 MW-171 商用燃气轮机。1976 年,会社使用独立技术开发出 1 000℃ 等级的MW-701B 燃气轮机。通过对引进技术的消化吸收,1984 年会社开发出当时世界上第一台装有预混燃烧室的 1 150℃ 等级的 MW-701D 燃气轮机。1986 年,会社自主开发出 1 250℃ 等级的 MF-111 燃气轮机,并于当年投入商业运行,从此走上自我发展的道路。1987 年,首次燃用大容量高炉煤气的 MW-701D 燃气轮机投入运行。1988 年,会社开发出 H－25 燃气轮机并投入商业运行。1991 年,会社开发出 H－25 的缩比型 H－15 燃气轮机并投入商业运行。1992 年,会社开发出 1 350℃等级的 M701F 燃气轮机并开始示范运行。1997 年,会社开发出 1 500℃等级的 M501G 燃气轮机并开始示范运行。1999 年,M701G 燃气轮机在日本投入商业运行。2010 年,当时世界上最大功率的 H－100 双轴燃气轮机投入商业运行。2011 年,世界上第一台 1 600℃等级的 M501J 燃气轮机开始示范运行,并于 2012 年末期投入商业运行。2015 年,采用 J 系列技术的 M701F 燃气轮机在日本投入商业运行。2016 年,通过将 M501J 按比例放大,开发出的 1 600℃等级的 50 Hz M701J 燃气轮机在日本投入商业运行。燃气轮机产品凭借先进的分流叶片气动控制,以及强化空气、高效气膜冷却与先进的热障涂层材料等技术优势,广泛应用于发电、机械驱动等领域。

2. 组织机构

会社业务部门包括行政管理部、销售与解决方案开发部以及日立工厂、横滨工厂、高砂工厂、吴工厂、长崎工厂等制造工厂。会社具备从燃气轮机设计、试验、制造、交付的整个研制流程能力。日立工厂和高砂工厂负责燃气轮机部件制造和发电厂的设计、采购与建设。

3. 竞争策略

燃气轮机在市场上的成功主要依靠燃气轮机的高效率、高可靠性、灵活的适用性和高可维护性。

(1) 使用成熟的材料。在燃气轮机研发过程中,在提高涡轮进口温度方面,会尽量通过改进涡轮的冷却方式,使得采用成熟的低合金轮盘就可以长期运行。同时,尽量避免使用容易在高温和高压下出现失效的复杂合金材料。

(2) 集中式加工制造。在维修翻新和制造热端部件方面,采用集中式加工制造的方法,避免过于复杂的供应链,保证所有部件都是根据会社的质量控制系统和时间交付要求制造。

(3) 保守的设计方法。先研发了 F 级燃气轮机,然后在此基础上开发出蒸汽冷却型的 G 级燃气轮机,再研制空气冷却型的 G 级燃气轮机 GAC,多年后又推出了蒸汽冷却型的 J 级燃气轮机,并再次成功研制了空气冷却型的 J 级燃气轮机 JAC。

(4) 使用真正的发电厂来验证。早在 1997 年就建设了高度仪表化的 T 点试验电站,M501G 系列燃气轮机的性能和耐久性测试始于此。在销售燃气轮机产品时,已至少运行 2~3 年,已经在发电厂进行了充分测试,能够检测到由于长期运行而导致的许多问题。同时,通过与当地供电公司签订合同,出售其电力,收回了投资、燃料费、运营和维护等相关的所有费用。

H - 25

1. 一般情况

主制造商 日本 Mitsubishi Power。

供 应 商 丹麦 Aalborg Engineering A/S(余热锅炉);

德国 Allweiler AG(润滑模块)。

结构形式 轴流单轴工业燃气轮机。

功率等级 14~100 MW。

现 状 生产。

产 量 截至 2018 年末,已生产 178 台。

改进改型 H-14/H-15 H-25 的缩比型。

H-25(I) 配置了间冷器,用于冷却涡轮导向叶片,可使功率增大约 13%。

H-25AX H-25 的升级型,功率大于 27.5 MW。

H-80 H-100 的初始名称,后续将其重新命名为 H-100,从而更直观地对应其功率等级。

H-100 基于 H-25 的成熟技术研制,能承受更高的涡轮进口温度以及采用了更为先进的双轴设计技术。

H-50 H-100 的缩比型以及 H-25 的放大型。

价 格 基本型燃气轮机整机配置发电设备为 1 090 万美元(2018 年)。

应用领域 公用事业和工业发电,包括联合循环装置。

竞争机型 竞争机型为通用电气公司的 LM2500 和 MS5001/MS5002 燃气轮机、曙光机械设计科研生产联合体的 UGT-25000 燃气轮机、西门子能源公司的 SGT-A30 RB 燃气轮机、三菱动力航改燃气轮机有限责任公司的 FT8 燃气轮机。

2. 研制历程

H-25 燃气轮机于 20 世纪 80 年代中期开始研制,1988 年 11 月开始投入使用,具体研制概况如下表所列。

H-25 燃气轮机研制概况

时 间	研制里程碑
20 世纪 80 年代中期	开始研制 H-25 燃气轮机
1988 年 11 月	在日本德山炼油厂投入使用首台 H-25 燃气轮机

续　表

时　　间	研　制　里　程　碑
1990 年 5 月	在日本一家煤气化工厂投入使用首台 H－14 燃气轮机和改进的 H－15 燃气轮机
2006 年 5~6 月	开始研制功率增大型 H－25AX 燃气轮机
2006 年第 4 季度	H－25 系列燃气轮机销量超过 100 台
2010 年 1 月	在日本九州电力公司投入使用首台基于 H－25 燃气轮机成熟技术的 H－100 燃气轮机
2012 年	开始测试 H－50 燃气轮机
2015 年 4 月	将 H－80 燃气轮机重新命名为 H－100 燃气轮机
2015 年	将 H－50 燃气轮机投放市场
2017 年 11 月	成功完成采用最新燃烧技术的 H－100 燃气轮机的低 NO_x 测试
2021 年 3 月	开始研制 40 MW 的新型燃氨 H－25 燃气轮机

3. 结构和性能

1）结构特点

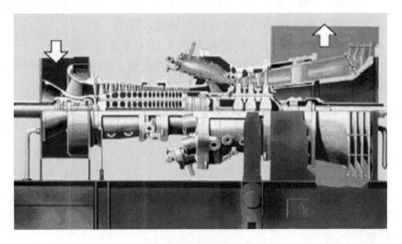

H－25 燃气轮机结构

（1）压气机：17 级轴流式,各级盘用 16 根长螺栓连接。

（2）燃烧室：分管回流式,斜置的燃烧室有 10 个火焰筒,直径为 220 mm。火焰筒和过渡段由镍基高温合金制成。火焰筒由带槽孔冷却的轧制环制成,过渡段内表面喷涂陶瓷热障涂层。十字形联焰管连接相邻火焰筒,确保其中 1 个燃烧室的火焰能够引燃所有其他燃烧室。从压气机第 6 级和第 11 级引气冷却第 2~3 级涡轮导向叶片。根据用户需要可以选择双燃料(燃气和燃油)系统,可选用喷水/蒸汽的传统燃烧室或干低 NO_x 燃烧室。

(3)涡轮:3级轴流冲击式。冷却空气冷却第1~2级工作叶片及导向叶片,导向叶片和工作叶片分别由镍基和钴基耐腐蚀高温合金精铸而成。第1级工作叶片带有金属表面涂层,第2级和第3级带有整体式叶冠,用于控制叶尖泄漏。机匣水平对开。

(4)附件传动系统:双轴承设计结构。

(5)控制系统:采用日立株式会社设计的全自动数字式控制系统。

2)性能参数

发电型 H‑25 燃气轮机的主要参数

参　数	天　然　气	馏　分　油
功率/MW	32	31
效率/%	34.8	33.9
热耗率/[kJ/(kW·h)]	10 350	>10 610
质量流量/(kg/s)	88	88
排气温度/℃	555	555

H‑100 燃气轮机的主要参数

参　数	发　电　型		机　械　驱　动　型	
	50 Hz	60 Hz	3 000 r/min	3 600 r/min
功率/MW	116.4	105.7	119.9	107.7
效率/%	38.3	38.2	38.9	38.9
热耗率/[kJ/(kW·h)]	9 400	9 421	9 266	9 256
质量流量/(kg/s)	296	293	315	293
排气温度/℃	586	534	552	534

联合循环型 H‑25 燃气轮机的主要参数

参　数	型　号		
	1025	2025	3025
发电装置配置[①]	1+1+1	2+2+1	3+3+1
总功率/MW	40.43	81.36	122.19

续　表

参　　数	型　号		
	1025	2025	3025
燃气轮机功率/MW	26.93	53.86	80.79
蒸汽轮机功率/MW	13.5	27.5	41.4
装置效率(低热值)/%	49.7	50	50.1
热耗率/[kJ/(kW·h)]	7 238	7 194	7 183

注：① 第一个数字为燃气轮机数目,第 2 个数字为余热锅炉数目,第 3 个数字为蒸汽轮机数目。

联合循环型 H-100 燃气轮机的主要参数

参　　数	50 Hz		60 Hz	
发电装置配置①	1+1	2+1	1+1	2+1
总功率/MW	171.0	150.0	346.0	305.7
总效率(低热值)/%	57.4	55.1	58.0	56.1

注：① 第一个数字为燃气轮机数目,第 2 个数字为蒸汽轮机数目。

H-25 燃气轮机的尺寸和重量

参　　数	数　　值
长度/mm	21 300
宽度/mm	12 750
高度/mm	13 500
箱装体重量(燃气轮机+底座)/kg	47 000

H-100 燃气轮机的尺寸和重量

参　　数	50 Hz	60 Hz
长度/mm	12 900	12 100
宽度/mm	4 500	4 500
高度/mm	6 300	5 400
重量/kg	216 000	175 000

M501/701

1. 一般情况

主制造商　日本 Mitsubishi Power。

结构形式　轴流单轴重型工业燃气轮机。

功率等级　185~335 MW。

现　状　生产。

产　量　截至 2020 年第 1 季度,已安装 482 台。

改进改型　M501F/W501F　与西屋电气公司联合研制的 60 Hz 燃气轮机,功率接近 185 MW。

M501D 和 M701D　涡轮进口温度为 1 150℃,频率分别为 60 Hz 和 50 Hz。

M501DA 和 M701DA　在 M501D 和 M701D 燃气轮机的基础上,集成了 F 级燃气轮机技术。

M501F 和 M701F　涡轮进口温度为 1 350℃,频率分别为 60 Hz 和 50 Hz。

M501G 和 M701G　涡轮进口温度为 1 500℃,燃烧室采用蒸汽冷却技术,频率分别为 60 Hz 和 50 Hz。

M501G1　在 M501G 燃气轮机的基础上采用了公司 H 级燃气轮机的先进设计技术,用于 60 Hz 发电市场。

M501J 和 M701J　涡轮进口温度为 1 600℃,燃烧室采用蒸汽冷却技术,频率分别为 60 Hz 和 50 Hz。M701J 是将 M501J 按比例放大得到的。

M501JAC 和 M701JAC　燃烧室利用空气冷却代替 J 系列的蒸汽冷却技术,其性能与 M701J 系列相当。

价　格　M501F 为 3 200 万~3 300 万美元(2018 年);M501G 为 4 400 万~4 500 万美元(2018 年);M701DA 为 2 600 万~2 700 万美元(2018 年);M701F 为 5 000 万~5 100 万美元(2018 年);M701G 为 6 200 万~6 300 万美元(2018 年)。

联合循环 MPCP1 装置(总功率为 498 MW,包括 1 台 M701G 燃气轮机和 1 台 172 MW 蒸汽轮机)为 2.12 亿美元;联合循环 MPCP2 装置(总功率为 999 MW,包括 2 台 M701G 燃气轮机和 1 台 248 MW 蒸汽轮机)为 4.24 亿美元。

应用领域　公用事业和工业发电,包括联合循环和热电联供装置。

竞争机型　竞争机型为通用电气公司和西门子能源公司的同等功率等级的燃
　　　　　　气轮机产品。

2．研制历程

M501/W501 系列燃气轮机于 1964 年开始研制，1969 年 1 月开始投入使用；
M701F 燃气轮机于 20 世纪 80 年代末～90 年代早期开始研制，1996 年开始投入使
用；具体研制概况如下表所列。

M501/M701 燃气轮机研制概况

时　　间	研 制 里 程 碑
1964 年	开始研制 M501/W501 系列燃气轮机
1968 年 12 月	完成 M501A 燃气轮机原型机组装
1969 年 1 月	首台 M501 燃气轮机投入使用
1980 年	将 M501 燃气轮机全部升级为 M501D 燃气轮机
20 世纪 80 年代末～90 年代早期	开始研制 M701F 燃气轮机
1990 年	将 M501F 燃气轮机投放市场
1992 年 6 月	在会社所属的日本横滨工厂开始开展 M701F 燃气轮机性能和可靠性试验
1994 年 6 月	开始研制 M501G 燃气轮机
1997 年	M501G 燃气轮机开始示范运行
1999 年 7 月	在日本东北电力公司投入使用首台 M701G 燃气轮机
2000～2003 年	开始将 M501G 升级为 M501G1 燃气轮机
2003 年 6 月	在 T 点试验电站开始示范运行 M501G1 燃气轮机
2009 年春季	开始研制 M501J 燃气轮机
2012 年 12 月	在日本关西电力公司投入使用首台 M501J 燃气轮机
2015 年	将增强型空气冷却型的 M501JAC/M701JAC 燃气轮机投放市场
2016 年	M701J 燃气轮机首次投入使用
2020 年 3 月	从美国山间电力公司获得首个燃氢燃料的 M501JAC 燃气轮机订单

3．结构和性能

1）结构特点

（1）进气装置：空气径向进入进气增压室，旋转 90° 进入压气机，可配置可调
进口导向叶片，在 M501F 上为标准配置。

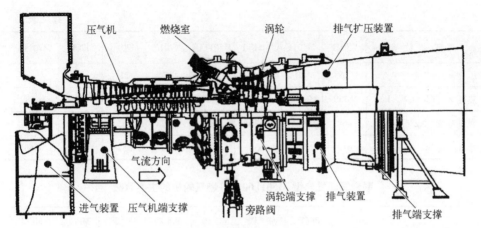

M701F 燃气轮机结构

（2）压气机：M501F 系列有 14~20 级,盘为螺栓连接结构;叶片由含 12%（质量分数）Cr 的不锈钢材料锻造而成,每个叶片都是用销固定的,能在现场单独拆卸;碳钢机匣水平对开,顶端可在现场与静子叶片一起拆卸;转子由 2 个径向轴承支承,这 2 个轴承便于查看和更换。

（3）燃烧室：M501F 有 16 个低 NO_x 混合燃烧室,可订购双燃料喷嘴,在工作状态能进行两种燃料切换,在使用液体燃料时起动雾化装置,燃料被雾化保持正常工作;火焰筒材料为 Hastelloy X,过渡段材料为 In617;M501G/G1 有 16 个燃烧室,M701G/G1 有 20 个燃烧室,都配置了双燃料点火电嘴,都为三相、平行分级、富油-贫油和双燃油设计,在使用气体和液体燃料时都可以做到低排放。

（4）涡轮：共 4 级,镍基高温合金工作叶片带有枞树形叶根,便于更换;每级工作叶片叶根榫齿都有空气冷却,第 1~2 级工作叶片和导向叶片为气冷（M501F 为第 1~3 级气冷）,空气由尾缘孔排出;压气机引气冷却第 2~4 级导向叶片内腔,导向叶片由 X-45/ECY-768 铸造;涡轮驱动压气机和输出轴;对于 M501G,第 1~2 级（空气冷却）叶片为定向结晶材料。

（5）附件传动系统：起动装置包括 1 个带扭矩转换器的鼠笼式感应电机、1 个油-气冷却系统、1 个增速器、1 个带有超越离合器的盘车装置。

2）性能参数

简单循环发电型 M501/M701 燃气轮机的主要参数

参　　数	M501F	M501G	M501J	M501JAC	M701F	M701G	M701J	M701JAC
功率/MW	185.4	267.5	330.0	435.0	278.3	334.0	478.0	448.0
效率/%	37.0	39.1	41.0	44.0	38.7	39.5	41.0	44.0

续　表

参　数	M501F	M501G	M501J	M501JAC	M701F	M701G	M701J	M701JAC
压比	16	20	23	—	17	21	23	—
热耗率/[kJ/(kW·h)]	9 739	9 211	8 783	8 182	9 295	9 105	8 783	8 182
质量流量/(kg/s)	468	567	620	738	663	755	893	765
排气温度/℃	613	597	636	649	592	587	638	663

联合循环发电型 M501(60 Hz) 燃气轮机的主要参数

参　数	MPCP1 (M501DA)	MPCP2 (M501DA)	MPCP3 (M501DA)	MPCP1 (M501F)	MPCP2 (M501F)	MPCP1 (M501G)	MPCP2 (M501G)	MPCP1 (M501H)[①]
燃气轮机数量/台	1	2	3	1	2	1	2	1
燃气轮机功率/MW	112.1	224.2	336.3	182.7	365.4	264.4	528.8	—
蒸汽轮机功率/MW	55.3	112.0	169.9	102.4	206.8	134.5	271.7	—
净热效率/%	51.4	51.6	51.8	57.1	57.3	58.4	58.6	60.0
热耗率(低热值)/[kJ/(kW·h)]	7 000	6 974	6 947	6 305	6 284	6 165	6 144	6 000

注：① 只用于联合循环装置，净功率为 403 MW。

联合循环发电型 M701(50 Hz) 燃气轮机的主要参数

参　数	MPCP1 (M701DA)	MPCP2 (M701DA)	MPCP3 (M501DA)	MPCP1 (M701F)	MPCP2 (M701F)	MPCP1 (M701G)	MPCP2 (M701G)
燃气轮机数量/台	1	2	3	1	2	1	2
燃气轮机功率/MW	142.1	284.2	426.3	273.8	547.6	325.7	651.4
蒸汽轮机功率/MW	70.4	142.4	218.7	142.6	288.0	172.3	348.0
效率/%	51.4	51.6	51.8	59.0	59.2	59.3	59.5
热耗率(低热值)/[kJ/(kW·h)]	7 000	6 974	6 947	6 120	6 082	6 071	6 051

M501/M701 燃气轮机的尺寸和重量

参　数	M501F	M501G	M501J	M701	M701F	M701G	M701J
长度/mm	14 020	15 230	14 400	12 490	17 370	18 280	16 700
宽度/mm	4 570	4 570	5 400	5 180	5 790	6 090	6 500

续 表

参 数	M501F	M501G	M501J	M701	M701F	M701G	M701J
高度/mm	4 570	4 870	5 700	5 180	5 790	6 090	6 900
重量/kg	195 000	250 000	320 000	200 000	340 000	420 000	550 000

俄罗斯

土星科研生产联合体股份公司

1. 概况

土星科研生产联合体股份公司是俄罗斯联合发动机公司下属的专门为运输、防务和能源工业提供动力装置的公司之一,公司总部位于俄罗斯雷宾斯克市。其前身留里卡土星科研生产联合体组建于 1946 年 3 月;1993 年,俄罗斯海军开始将雷宾斯克发动机制造设计局(1997 年并入雷宾斯克发动机股份公司)确定为该国舰船燃气轮机的主要开发基地;2001 年 7 月,留里卡土星科研生产联合体与成立于1916 年的雷宾斯克发动机股份公司合并,组建了土星科研生产联合体股份公司;2006 年土星科研生产联合体股份公司成立子公司——土星燃气轮机公司,为俄罗斯天然气工业公司和俄罗斯统一电力公司等提供工业燃气轮机;2007 年俄罗斯航空发动机行业开始实施整合改组,土星科研生产联合体股份公司合并了乌法发动机科研生产联合体;2008 年,土星科研生产联合体股份公司并入联合发动机公司。

在燃气轮机设计方面,采用三维稳态和非稳态气动力学、热力和机械分析技术,并广泛应用多学科优化方法。在燃气轮机制造方面,建成设计制造集成信息系统,基于三维模型进行产品设计、工艺开发和模型制造;在机械加工方面,掌握整体叶盘五轴加工、大中型压气机叶片高速加工、复杂形状零件振动研磨精加工技术;在铸造方面,掌握单晶叶片铸造、高温真空热处理、固相烧结陶瓷芯等技术;在热处理方面,掌握真空火焰沉积,离子氮化,以及在加热温度高达 1 350℃、冷却速度高达 300℃/min 条件下对零件进行热处理等技术;在电火花加工和电化学加工方面,掌握通过电火花加工处理涡轮叶片中的颗粒盘和穿孔、拉削难加工高温合金零件中的槽和凹槽、各种配置零件和组件的线切割等技术。

公司业务涉及军用和民用航空发动机、海军舰船动力装置、地面燃气轮机、发电设备、再生能源和燃气输送动力装置,并提供售后服务。燃气轮机产品为DO49R、GTD－6RM、GTD－8RM、GTD－110、GTD－4RM、GTD－6.3RM、GTD6－3RM/8、GTD－10RM(E)等型号,功率等级为 2.5~110 MW。1993 年,公司开始研制第一台大功率 GTD－110 燃气轮机。1997 年,公司开始生产中小型工业燃气轮机。2000 年,公司完成 GTES－2.5 燃气轮机联合循环电站的测试并取得合格证书。2003 年,公司完成 GTD－110 燃气轮机测试,同年还取得 GTD－6RM 燃气轮机合格证书。2006年,公司完成 GTD-8RM 燃气轮机测试,同年还成功完成 M75RU 舰船燃气轮机台架试验。2007年,公司完成 GTD-6.3RM 和 GTD-10RM 燃气轮机测试。2008年,公司完成 M70FRU 舰船燃气轮机台架试验。2012年,GTD-10RM(E)燃气轮机开始应用于发电领域,产品线进一步扩充,同年公司还完成了 E70/8RD 工业和舰船燃气轮机的验收试验。燃气轮机产品凭借可靠性高、维护性好、燃料适应性强等技术优势,广泛应用于发电、机械驱动、舰船推进等领域。

2. 组织机构

土星科研生产联合体股份公司设立舰船与工业燃气轮机部,负责燃气轮机的研制,其下属土星燃气轮机公司负责燃气轮机集成和成套供应。除总部外,还在圣彼得堡设立研发中心,在彼尔姆设立设计部门。

3. 竞争策略

从20世纪90年代开始,该公司开始开展航改燃气轮机业务,并成立了子公司——土星燃气涡轮公司,专门负责燃气轮机的业务运营。

公司生产的工业燃气轮机功率等级涵盖范围广,经过充分验证,虽然这些燃气轮机的效率只有25%~35%,采用的技术也落后于西方国家,但这些燃气轮机具有坚固耐用和价格相对便宜(比西方国家的低约10%)两方面优势。随着西方国家对俄罗斯制裁加剧,进一步增大了工业燃气轮机在俄罗斯的市场供应量。

工业燃气轮机

1. 一般情况

主制造商　俄罗斯 NPO Saturn OJSC。

结构形式　单轴/双轴工业燃气轮机。

功率等级　2~130 MW。

现　　状　生产。

产　　量　截至2020年末,已安装250台。

改进改型　**发电领域:**

DO49R　单轴型,用于小功率容量的电厂。

GTD-6RM　双轴型。

GTD-8RM　双轴型,其为 GTD-6RM 的功率增大型,发电功率为8.4 MW。

GTD-110　生产的重型燃气轮机,功率达118 MW,后续研制了 GTD-110M 燃气轮机,功率达130 MW。

机械驱动领域(也可用于发电领域):

GTD-4RM　功率为4.1 MW。

GTD‑6.3RM 其设计方案和燃气发生器与 GTD‑4RM 燃气轮机相同,功率增大。

GTD‑6.3RM/8 其总体设计、燃气发生器与 GTD‑4RM 和 GTD‑6.3RM 燃气轮机相同,功率增大。

GTD‑10RM GTD‑4RM 的比例放大型,是生产的功率最大的机械驱动型装置。

价　　格　DO49R 为 150 万美元(2018 年),GTD‑6RM 为 330 万美元(2018 年),GTD‑8RM 为 470 万美元(2018 年),GTD‑110 为 7 000 万美元(2018 年),GTD‑4RM 为 210 万美元(2018 年),GTD‑6.3RM 为 340 万美元(2018 年),GTD‑6.3RM/8 为 450 万美元(2018 年),GTD‑10RM 为 710 万美元(2018 年)。

应用领域　发电和机械驱动。

竞争机型　主要在俄罗斯等国家销售,与欧美国家和地区的燃气轮机产品的竞争有限。

2. 研制历程

20 世纪 90 年代开始,雷宾斯克发动机股份公司开始设计和测试工业与舰船燃气轮机;1997 年,开始生产用于发电和机械驱动的工业燃气轮机;具体研制概况如下表所列。

工业燃气轮机研制概况

时　间	研 制 里 程 碑
1993 年	开始研制 GTD‑110 燃气轮机
1997 年	开始生产 DO49R 等较小型燃气轮机
1997 年 12 月	加工完成首台 GTD‑110 燃气轮机
2000 年	加工完成第 2 台 GTD‑110 燃气轮机
2000 年	将 GTD‑6RM 燃气轮机投放市场
2001 年	雷宾斯克发动机股份公司和留里卡土星科研生产联合体合并组成土星科研生产联合体股份公司
2002 年	将 GTD‑6RM 燃气轮机投入使用
2012 年	将 GTD‑10RM(E)燃气轮机加入公司生产线
2014 年	将 GTD‑110M 燃气轮机投放市场
2018 年 4 月	由于某些机械装置的失效,宣布停止 GTD‑110M 燃气轮机的试验
2021 年 7 月	决定从 2023 年开始量产 GTD‑110M 燃气轮机

3. 结构和性能

1）结构特点

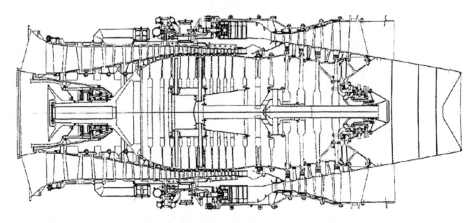

GTD‑110 燃气轮机结构

（1）压气机：DO49R 为 10 级轴流‑离心式；GTD‑6RM 为 11 级,带可调导向叶片；GTD‑110 为 15 级,为了在燃气轮机起动过程中运行无失速,在前机匣上安装有一列可调导向叶片；GTD‑4RM 为 9 级或 10 级。

（2）燃烧室：DO49R 的燃烧室为筒形,带有 2 个火焰筒,可燃用气体和液体燃料；GTD‑6RM 的燃烧室为环管形,带有 12 个火焰筒和 12 个燃油喷嘴,可燃用气体和液体燃料；GTD‑110 的燃烧室为环管形,共有 20 个火焰筒和联焰管,可燃用气体和液体燃料；GTD‑4RM 的燃烧室为环形。

（3）涡轮：DO49R 的涡轮为 3 级；GTD‑6RM 的涡轮为 2 级,动力涡轮为 4 级,与发电机直接相连；GTD‑110 的涡轮为 4 级,GTD‑4RM 的涡轮为 2 级,动力涡轮为 2 级或 3 级。

2）性能参数

工业燃气轮机的主要参数

参　　数	DO49R	GTD‑6RM	GTD‑8RM	GTD‑110M	GTD‑4RM	GTD‑6.3RM	GTD‑6.3RM/8	GTD‑10RM	GTD‑10RME
功率/MW	2.9	6.4	8.4	118	4.1	6.5	8.4	10.2	10.2
效率/%	28.0	24.8	25.5	36	32.5	32.5	34.5	35.5	35.5
耗油率(额定功率)/(kg/h)	733/856	1 853/2 136	2 385/3 465	23 700/28 200	900	1 400	1 730	2 030	2 085
质量流量/(kg/s)	15.0	46.2	51.0	361.0	21.6	25.6	27.6	32.7	33.0

续　表

参　数	DO49R	GTD-6RM	GTD-8RM	GTD-110M	GTD-4RM	GTD-6.3RM	GTD-6.3RM/8	GTD-10RM	GTD-10RME
排气温度/℃	470	460	520	517	385	480	540	520	515
输出转速/(r/min)	3 000	3 000	3 000	3 000	10 500	8 200	8 200	4 800	4 500

工业燃气轮机的尺寸和重量

参　数	DO49R	GTD-6RM	GTD-8RM	GTD-110M	GTD-4RM	GTD-6.3RM	GTD-6.3RM/8	GTD-10RM	GTD-10RME
长度/mm	2 860	3 400	3 400	7 190	3 850	4 020	4 020	4 670	4 670
宽度/mm	1 380	2 300	2 300	3 760	1 410	1 580	1 580	1 930	1 930
高度/mm	1 920	2 500	2 500	4 340	1 960	1 810	1 810	1 660	1 820
重量/kg	3 500	5 620	5 620	60 000	3 770	4 100	4 100	5 600	5 600

舰船燃气轮机

1. 一般情况

主制造商　俄罗斯 NPO Saturn OJSC。

结构形式　双轴、航改舰船燃气轮机。

功率等级　7~21 MW。

现　　状　生产。其他舰船燃气轮机处于研制中。

产　　量　未知。

改进改型　**E70/8RD**　生产型,功率为 8 MW。

　　　　　　CODOG 型舰船推进装置 M90FR　用于 Project 2235.0 护卫舰,功率为 20.2 MW。

　　　　　　攻击型气垫船推进装置　包括研制 M70FRU-2、M35R-1、M35R-2 和 M70R 燃气轮机。

　　　　　　M70FRU-R　计划用于替换乌克兰曙光机械设计科研生产联合体的燃气轮机,配置可反转动力涡轮。

价　　格　E70/8RD 燃气轮机约 290 万美元(2018 年)。

应用领域　E70/8RD 适用于商船的动力装置,还可用于驱动发电机以及海上和近海的燃气压缩机。M90FR、M70FRU-2、M35R-1、M35R-2 和 M70R 等各型燃气轮机可用于舰船动力。

竞争机型　由于俄罗斯已不再使用乌克兰曙光机械设计科研生产联合体的舰船燃气轮机产品,目前不存在有明显竞争力的产品。

2. 研制历程

E70/8RD 燃气轮机于 2012 年完成验收试验,于 2017 年完成调试;M90FR、M70FRU－2、M35R－1、M35R－2 和 M70R 等舰船燃气轮机于 2015 年开始研制,2018 年完成研制;具体研制概况如下表所列。

舰船燃气轮机研制概况

时　间	研 制 里 程 碑
1993 年	俄罗斯海军指定雷宾斯克发动机制造设计局为舰船燃气轮机的主要研制商
2000 年	俄罗斯国防部指定雷宾斯克发动机股份公司为所有舰船燃气轮机的主要研制商
2001 年	雷宾斯克发动机股份公司和雷宾斯克土星公司合并组成土星科研生产联合体股份公司
2006 年	成功完成 M75RU 舰船燃气轮机状态测试
2007 年	M70FRU 燃气轮机通过了验收试验
2008 年	成功完成 M70FRU 舰船燃气轮机状态测试
2008 年 10 月	与订货方签署 M70FRU 燃气轮机的订货协议
2012 年	完成 E70/8RD 燃气轮机验收试验
2015 年	开始研制 M90FR、M70FRU－2、M35R－1、M35R－2 和 M70R 等舰船燃气轮机
2017 年 12 月	完成 E70/8RD 燃气轮机在公司舰船燃气轮机装配和测试中心的调试
2018 年	研制出 M70FRU－2、M35R－1、M35R－2 和 M70R 等舰船燃气轮机
2018 年 3 月	生产出 3 台 M90FR 燃气轮机原型机
2020 年 11 月	将首台 M90FR 燃气轮机交付俄罗斯北方造船厂,意味着公司掌握了舰船燃气轮机研制的独特能力
2020 年 12 月	交付第 2 台 M90FR 燃气轮机

3. 结构和性能

1) 结构特点

(1) 压气机:E70/8RD 为 10 级;M70FRU 为 10 级轴流式。

(2) 燃烧室:E70/8RD 为标准环形,可燃用双燃料;M70FRU 为环形。

(3) 涡轮:E70/8RD 为 2 级,动力涡轮为 3 级;M70FRU 为 2 级轴流式,动力涡轮为 3 级轴流式(不可逆)。

10级压气机　　　2级涡轮

环形燃烧室　　　3级动力涡轮

E70/8RD 燃气轮机

2）性能参数

舰船燃气轮机的主要参数

参　数	M70FRU－2	E70/8RD	M70FRU	M90FR
功率/MW	7.4	8.7	10.3	20.2
效率/%	32.4	34.4	36.0	36.0
耗油率/(kg/h)	—	1 820/2 120	—	—
质量流量/(kg/s)	—	30.0	33.2	—
排气温度/℃	506	470	523	—
输出转速/(r/min)	7 200	6 084	6 500	3 450

E70/8RD 燃气轮机的尺寸和重量

参　数	数　值
长度/mm	3 950
宽度/mm	1 920

参　数	数　值
高度/mm	1 810
重量[1]/kg	4 750

注：① 包括外壳。

乌克兰

曙光机械设计科研生产联合体

1. 概况

曙光机械设计科研生产联合体是乌克兰专门从事工业和舰船燃气轮机的最大研制商,总部位于乌克兰基辅。该联合体的历史最早可追溯到1949年在尼古拉耶夫市开始兴建的为苏联海军生产蒸汽涡轮的蒸汽涡轮生产厂;1954年,曙光南方涡轮厂投入使用,并转型生产燃气轮机,成立了研制航空发动机和燃气轮机的设计局;为了加快新型发动机和燃气轮机的研制,1961年又以原有设计、生产基地为基础成立了机械设计联盟设计局(后称机械设计科研试制中心)与曙光批生产厂(前身为南方涡轮厂,后称曙光批生产厂);两个单位在2001年重组合并后成立了曙光机械设计科研生产联合体。

联合体的燃气轮机均采用三轴设计,均由一个双轴燃气发生器和一个自由动力涡轮组成,双轴燃气发生器由轴流压气机(一个低压压气机和一个高压压气机)、环管燃烧室和两个独立旋转的涡轮组成。动力涡轮不与燃气发生器运动连接,可以具有不同速度和旋转方向的可逆和不可逆形式。该设计可在任何载荷条件下确保低寿命成本、高效率、高可靠性和低维护性,并可根据客户的严格要求开发燃气轮机装置。滑油系统为强制循环型,通过机械驱动的内置辅助泵向轴承单元供油并从轴承单元中泵出。燃油系统为燃烧室的雾化器提供可控的燃油供应,在起动过程中提供点火,并维持所需的运行速率。电起动系统提供组件的初始旋转、燃料在点火器中的初始点火,并在完成起动过程后断开连接。气动系统提供起动和停止过程中燃气轮机内置辅助齿轮的控制,确保整机正常工作,并在齿轮阻塞和异常情况下提供保护。自动控制和监控系统为微处理器型,用于执行燃气轮机和驱动装置其他部件的所有算法,监测装置的所有参数和机组当前状态的信息,包括紧急调节、警报、记录和诊断,这些有价值的信息可用于趋势分析和维护规划。

联合体业务涉及发电设备制造、发电厂建造、燃气轮机设备和辅助系统设计与制造。燃气轮机产品为UGT-2500、UGT-3000、UGT-6000、UGT-10000、UGT-15000、UGT-16000、UGT-25000、UGT-110000等型号,功率等级为2.5~60 MW。截至2019年6月,售出燃气轮机共计4 000台。从1954年开始,该联合体建造了30多型主推进和加速用舰船燃气轮机动力装置。从1970年开始将燃气轮机应用于发电、天然气增压站和商船的主推进装置。2016年,联合体开始试验新的功率为32 MW 的燃气轮机,燃气轮机最初计划用于管道压缩站,后发现也可作为基准平台广泛应用(如发电),燃气轮机设计效率约38.4%,比 UGT - 25000 高2.5%。燃气轮机产品凭借可靠性高、维护简单、燃料适应性强等技术优势,广泛应用于发电、机械驱动、舰船推进等领域。

2. 组织机构

曙光机械设计科研生产联合体下设机械设计科研试制中心与曙光批生产厂。机械设计科研试制中心有三个主要业务部门:设计部、科研部、试制部。设计部设计的新方案会先在科研部的专用试车台上进行初步试验,然后在试制部加工示范样机。曙光批生产厂有三个主要业务部门:机加车间、高精度铸造生产车间、实验室与工具库。实验室可对已加工的零件、部件和附件的材料进行质检。工具库保证提供生产所需的各种夹具、模具、铸型及工具。

3. 竞争策略

(1) 积极针对一型燃气轮机研制不同改型。为了使一型燃气轮机产品辐射更多的用户群,积极对同一型进行改型。例如,以 UGT - 10000 燃气轮机为基础,借助调整动力涡轮不同的转速、旋转方向以及不同的功率,研制不同改型,扩大应用范围。

(2) 不断推出新产品,拓宽应用范围。曙光机械设计科研生产联合体不断开展技术创新,研制新产品,成功拓宽了应用范围。从最开始研制排水型舰船燃气轮机,到生产气垫船和水翼船用燃气轮机,再到世界所独有的可使舰船瞬间改变航向的反推力燃气轮机;从最初向用户交付电站用燃气轮机,转变到交付全套的发电机组。

(3) 产品使用经验丰富。曙光机械设计科研生产联合体成立以来,已经研制、生产并交付了多种功率等级的大量舰船和工业燃气轮机,以及数千台各种类型减速传动装置。燃气轮机广泛应用于多个国家,总功率超过3 000万千瓦,累计工作时间超过3 200万小时。

UGT 系列工业燃气轮机

1. 一般情况

主制造商 乌克兰 Zorya - Mashproekt。

结构形式 单轴/三轴型工业燃气轮机。

功率等级 2~115 MW。

现　　状 生产。

产　　量 截至2021年初,已制造和交付3 200台(发电型1 200台和燃气压缩型2 000台)。

改进改型　UGT–2500　单轴型,主要用于发电领域。

UGT–3000　三轴型。

UGT–6000　三轴型,主要用于舰船推进,只有一个系列型号用于发电。

UGT–10000　三轴型,用于燃气压缩装置。

UGT–15000　三轴型,应用领域广泛,用于替换 UGT–16000。

UGT–16000　三轴型,是一款较旧的型号。

UGT–25000　三轴型。

UGT–45000　单轴型。

UGT–60000　单轴发电型。

UGT–110000　第 4 代单轴发电型。

价　　格　UGT–2500 为 114 万~200 万美元(2018 年);UGT–3000 为 134 万~235 万美元(2018 年);UGT–6000 为 254 万~445 万美元(2018 年);UGT–10000 为 420 万~735 万美元(2018 年);UGT–15000 为 636 万~1 113 万美元(2018 年);UGT–16000 为 676 万~1 183 万美元(2018 年);UGT–25000 为 1 048 万~1 834 万美元(2018 年);UGT–60000 为 2 540 万~4 445 万美元(2018 年);UGT–110000 为 4 580 万~8 015 万美元(2018 年)。

应用领域　公用事业和工业发电,包括热电联供和联合循环;机械驱动。

竞争机型　因燃气轮机功率等级较为宽泛,西方燃气轮机制造商都是潜在竞争对手。俄罗斯土星科研生产联合体股份公司也是其竞争对手。

2. 研制历程

工业燃气轮机于 1954 年开始研制,具体研制概况如下表所列。

工业燃气轮机研制概况

时　间	研制里程碑
1953 年	成立曙光(Zorya)燃气轮机制造厂
1954 年	成立燃气轮机设计局
1961 年	成立机械设计联盟设计局,负责燃气轮机设计
1978 年	将 UGT–6000 燃气轮机投放市场
1980 年	将 UGT–16000 燃气轮机投放市场
1980 年	研制成功 UGT–3000 燃气轮机

续　表

时　间	研 制 里 程 碑
1981 年	开始批量生产 UGT - 3000 燃气轮机
1984 年	研制成功 UGT - 15000 燃气轮机
1988 年	开始批量生产 UGT - 15000 燃气轮机
1989 年	研制成功 UGT - 2500 燃气轮机
1990 年	完成 UGT - 25000 燃气轮机设计,开始对主要零部件进行台架试验
1993 年	开始批量生产 UGT - 25000 燃气轮机
1994 年	开始开展 UGT - 2500 燃气轮机燃用生物燃料测试
1998 年 11 月	将新型第 4 代 UGT - 10000 燃气轮机投放市场
2001 年	重组合并曙光燃气轮机制造厂和机械设计联盟设计局,组建曙光机械设计科研生产联合体
2002 年	开始将 UGT - 25000 燃气轮机用于管路压缩机机械驱动
2003 年 10 月	UGT - 10000 燃气轮机首次投入使用
2004 年	乌克兰尼古拉耶夫(Nikolayev)市安装第 1 台 UGT - 110000 试验装置
2007 年	完成首台 UGT - 45000 和 UGT - 60000 燃气轮机装配,并开始工厂试验
2010 年 9 月	开始在燃气轮机上采用多燃料燃烧系统
2011 年 6 月	开始交付 UGT - 45000 和 UGT - 60000 燃气轮机
2012 年 12 月	获得中国哈尔滨船舶锅炉涡轮机研究所 4 台 UGT - 15000 和 1 台 UGT - 25000 燃气轮机的订单
2013 年 6 月	获得中国哈尔滨船舶锅炉涡轮机研究所 2 台压缩站增压用 UGT - 6000 燃气轮机的订单
2013 年 7 月	获得俄罗斯 1 台用于压缩站增压的 UGT - 1600 燃气轮机的订单
2013 年 11 月	获得俄罗斯 4 台用于压缩站增压的 UGT - 25000 燃气轮机的订单
2014 年 7 月	获得中国哈尔滨船舶锅炉涡轮机研究所 2 台 UGT - 6000 燃气轮机的订单
2017 年	乌克兰天然气运输公司购买 3 台 UGT - 1600 燃气轮机

3. 结构和性能

1) 结构特点

(1) 压气机:UGT - 2500 为轴流离心组合式,包含 9 级轴流式和 1 级离心式;

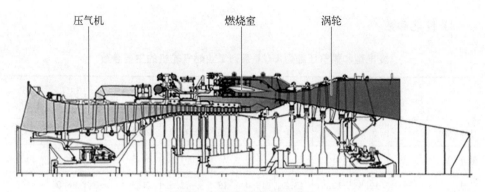

UGT - 110000 燃气轮机结构

UGT - 3000 为 8 级轴流式低压压气机和 9 级高压压气机;发电型 UGT - 6000 为轴流式 8 级低压压气机和 9 级高压压气机;UGT - 10000 为 9 级轴流式低压压气机和 9 级高压压气机;UGT - 15000 为 9 级轴流式低压压气机和 10 级高压压气机;UGT - 16000 为 7 级轴流式低压压气机和 9 级高压压气机;UGT - 25000 为 9 级轴流式低压压气机和 9 级高压压气机,低压压气机采用特殊优化的扩压叶型;UGT - 60000 为 15 级轴流式,前 4 级采用可调导向叶片,第 6、9 和 15 级的放气阀可用来防止压气机喘振。

（2）燃烧室:UGT - 2500 为双筒形;UGT - 3000 为环管形回流式,包含 9 个火焰筒;发电用 UGT - 6000 为环管形回流式,带 10 个火焰筒;UGT - 10000 为环管形回流式,包含 10 个火焰筒;UGT - 15000 为环管形回流式,带 16 个火焰筒;UGT - 16000 为环管形直流式,带 10 个火焰筒;UGT - 25000 为环管形回流式,有 16 个火焰筒;UGT - 60000 为环管形回流式,有 20 个火焰筒。

（3）涡轮:UGT - 2500 为 3 级轴流式;UGT - 3000 为单级轴流式,动力涡轮是 3 级轴流式;发电型 UGT - 6000 为单级轴流式高压涡轮和低压涡轮,依据具体型号不同,动力涡轮为 2、3、4 或 6 级结构;UGT - 10000 为单级轴流式,动力涡轮为 3 级或 4 级轴流式;UGT - 15000 为单级轴流式,动力涡轮为 3 级或 4 级轴流式;UGT - 16000 为 2 级轴流式,动力涡轮为 2 级或 3 级轴流式;UGT - 25000 为单级轴流式,动力涡轮为 2 级或 4 级轴流式;UGT - 60000 为 4 级轴流式,前 3 级工作叶片、导向叶片都采用内部空气冷却。

（4）附件传动系统:UGT - 2500 用 2 台功率为 55 kW 的交流电起动机起动;UGT - 3000 用功率为 30 kW 的交流电起动机起动;发电型 UGT - 6000 用 30 kW 的交流电起动机起动;UGT - 10000 用 30 kW 的交流电起动机起动;UGT - 15000 用 2 台功率为 30 kW 的交流电起动机起动;UGT - 16000 用 3 台功率为 30 kW 的交流电起动机起动;UGT - 25000 用 2 台功率为 45 kW 的交流电起动机起动;UGT - 60000 由标准电起动机起动。

2）性能参数

发电型和燃气压缩型 UGT 系列工业燃气轮机的主要参数

参　　数	UGT－2500	UGT－3000	UGT－6000	UGT－10000	UGT－15000	UGT－16000	UGT－25000	UGT－45000	UGT－60000	UGT－110000
功率/MW	2.9	3.4	6.4	10.5	16.9	15.9	26.2	45.0	63.5	114.5
效率/%	28.5	31.0	31.5	36.0	35.0	31.4	36.3	34.4	38.8	36.0
压比	12.8	13.5	13.5	19.0	19.5	12.5	21.5	14.0	18.0	—
质量流量/(kg/s)	16.5	15.5	30.5	36.0	71.0	96.0	89.0	137.0	174.5	365.0
排气温度/℃	460	440	425	490	420	350	485	550	520	520
输出转速/(r/min)	14 000	9 700	3 000	4 800	3 000	3 000	3 000	3 960	3 000	—
单位气体消耗/$[Nm^3/(kW \cdot h)]$	0.353	0.324	0.319	0.279	0.287	0.320	0.277	—	0.259	—

发电型和燃气压缩型 UGT 系列工业燃气轮机的尺寸和重量

参　　数	UGT－2500	UGT－3000	UGT－6000	UGT－10000	UGT－15000	UGT－16000	UGT－25000	UGT－110000
长度/mm	3 000	2 500	4 600	4 000	4 700	5 900	6 400	5 700
宽度/mm	1 200	1 300	1 800	1 800	2 100	2 700	2 500	3 700
高度/mm	2 000	1 250	1 700	1 700	2 200	3 100	2 700	4 000
重量/kg	1 500	2 500	4 500	5 000	15 000	16 000	16 000	50 000

UGT 系列舰船燃气轮机

1. 一般情况

主制造商　乌克兰 Zorya‐Mashproekt(主制造商)；
　　　　　　印度 Gas Turbine Research Establishment(GTRE)(许可生产商)；
　　　　　　中国哈尔滨汽轮机厂有限责任公司(许可生产商)。

结构形式　单轴/三轴型燃气轮机。

功率等级　3~29 MW。

现　　状　生产。

产　　量　截至 2019 年初,已制造和交付 1 137 台。

改进改型 UGT‑2500 单轴型,少量用于舰船推进。

UGT‑3000 三轴型。

UGT‑6000 三轴型,主要用于舰船推进。

UGT‑10000 三轴型。

UGT‑15000 三轴型,用于替换 UGT‑16000。

UGT‑16000 三轴型,是一款较旧的型号。

UGT‑25000 三轴型。

价 格 UGT‑3000 为 134 万~235 万美元(2018 年);UGT‑6000 为 254 万~445 万美元(2018 年);UGT‑15000 为 636 万~1 113 万美元(2018 年);UGT‑16000 为 676 万~1 183 万美元(2018 年);UGT‑25000 为 1 048 万~1 834 万美元(2018 年)。

应用领域 舰船推进。

竞争机型 竞争机型为罗尔斯·罗伊斯公司的 MT30 燃气轮机、通用电气公司的 LM2500 燃气轮机。俄罗斯土星科研生产联合体股份公司也开始涉足舰船燃气轮机,也为其竞争对手。

2. 研制历程

舰船燃气轮机于 1948 年开始研制,具体研制概况如下表所列。

舰船燃气轮机研制概况

时　间	研 制 里 程 碑
1948 年 3 月	开始在乌克兰尼古拉耶夫市建立舰船燃气轮机制造厂
1971 年	开始研制 UGT‑15000 舰船燃气轮机
1978 年	将 UGT‑6000 舰船燃气轮机投放市场
1981 年	将可直接倒车型 UGT‑3000 舰船燃气轮机投放市场
1982 年	将可直接倒车型 UGT‑16000 舰船燃气轮机投放市场
1988 年	将可直接倒车型 UGT‑15000 舰船燃气轮机投放市场
1991 年	曙光机械设计科研生产联合体转为乌克兰国有公司
1993 年	将 UGT‑25000 舰船燃气轮机投放市场
2013 年	获得中国海军 20 台 UGT‑6000 燃气轮机的订单
2013 年 5 月	开始为俄罗斯 Project 2235.0 护卫舰交付 UGT‑15000 燃气轮机
2014 年	停止向俄罗斯海军供应舰船燃气轮机

续　表

时　　间	研 制 里 程 碑
2015 年 5 月	开始为印度"17 号工程"护卫舰提供舰船燃气轮机
2019 年 9 月	向印度海军交付的舰船燃气轮机超过 150 台

3. 结构和性能

1）结构特点

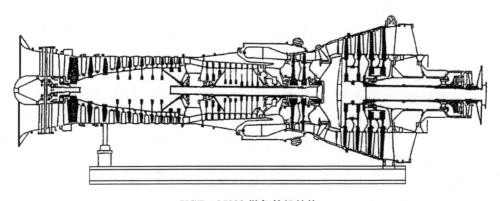

UGT－25000 燃气轮机结构

（1）压气机：UGT－3000 为 8 级轴流式低压压气机和 9 级高压压气机；发电型 UGT－6000 为轴流式 8 级低压压气机和 9 级高压压气机；UGT－10000 为 9 级轴流式低压压气机和 9 级高压压气机；UGT－15000 为 9 级轴流式低压压气机和 10 级高压压气机；UGT－16000 为 7 级轴流式低压压气机和 9 级高压压气机；UGT－25000 为 9 级轴流式低压压气机和 9 级高压压气机。

（2）燃烧室：UGT－3000 为环管形回流式，包含 9 个火焰筒；UGT－6000 为环管形回流式，包含 10 个火焰筒；UGT－10000 为环管形回流式，包含 10 个火焰筒；UGT－15000 为环管形回流式，带 16 个火焰筒；UGT－16000 为环管形直流式，包含 10 个火焰筒；UGT－25000 为环管形回流式，有 16 个火焰筒。

（3）动力涡轮：UGT－3000 为 3 级轴流式；UGT－6000 为 2 级、3 级、4 级或 6 级结构；UGT－15000 为 3 级或 4 级结构；UGT－16000 为 2 级或 3 级结构；UGT－25000 为 2 级或 4 级结构。

（4）附件传动系统：UGT－3000 用功率为 30 kW 的交流电起动机起动；UGT－6000 用 30 kW 的交流电起动机起动；UGT－10000 用功率为 30 kW 的交流电起动机起动；UGT－15000 用 2 台功率为 30 kW 的交流电起动机起动；UGT－16000 用 3 台功率为 30 kW 的交流电起动机起动；UGT－25000 用 2 台功率为 45 kW 的交流电

起动机起动。

2）性能参数

舰船推进型 UGT 系列燃气轮机的主要参数

参　　数	UGT－3000	UGT－6000	UGT－15000	UGT－16000	UGT－25000
功率/MW	3.4	7.4	20.0	16.6	28.7
效率/%	29.0	30.0	36.0	30.0	37.0
压比	14.0	15.0	19.5	20.0	22.5
耗油率（柴油）/[kg/(kW·h)]	0.291	0.263	0.238	0.281	0.228
质量流量/(kg/s)	16.0	32.5	76.5	100.0	94.0
排气温度/℃	470	470	450	380	500
输出转速/(r/min)	8 800	4 750	3 500	3 600	3 400
单位气体消耗/[Nm^3/(kW·h)]	0.324	0.319	0.287	0.314	0.279

舰船推进型 UGT 系列燃气轮机的尺寸和重量

参　　数	UGT－3000	UGT－6000	UGT－15000	UGT－16000	UGT－25000
长度/mm	2 500	4 600	4 700	5 900	6 400
宽度/mm	1 300	1 800	2 100	2 700	2 500
高度/mm	1 250	1 700	2 200	3 100	2 700
重量/kg	2 500	4 500	15 000	16 000	16 000

英　国

布雷顿喷气机有限公司

1. 概况

布雷顿喷气机有限公司(Bladon Jets Ltd.)是世界上首个将微型燃气轮机发电装置应用于电信市场的制造商,公司总部位于英国马恩岛。公司成立于2002年;2010年获得印度塔塔集团(TATA)资金投入;2011年在英国考文垂成立工程中心;2011年获得意大利宾尼法利纳汽车设计公司资金投入。

公司创始人于1989年便开始开展发电用微型燃气轮机预先研究工作,2009年与捷豹汽车公司合作研制出使用微型燃气轮机的C - X75概念电动跑车,2011年合作研制出配装微型燃气轮机的坎比亚诺概念电动跑车。公司利用专利技术,能够生产重量更轻、污染更少、成本更低的微型燃气轮机。燃气轮机机组安装在与家用冰箱/冷冻机大小相似的机柜中,占地面积非常小;具有极低的噪声,运行时完全没有振动;能够燃用多种常见的液体或气体燃料,包括压缩天然气或生物燃料等更环保燃料,甚至可以在可用燃料之间切换。高效、清洁燃烧的连续燃烧系统确保排放量明显低于同等柴油发动机,相当于欧盟第5阶段(EU Stage V)排放标准的一半。燃气轮机只由一个在空气轴承上旋转的部件构成,需要的维护量(1次/年)极少。

公司业务涉及电动汽车用增程器和微型燃气轮机发电装置。燃气轮机产品为MTG12微型燃气轮机,功率为12 kW。燃气轮机产品凭借较小的尺寸、极低的噪声、较好的燃料适应性和环保性、高可靠性等优势,在电信公司的蜂窝塔上得到广泛应用。

2. 组织机构

公司总部现有制造部门和供应链部门两个业务部门,在考文垂设有工程和组装中心。制造部门负责微型燃气轮机试验和制造工作;供应链部门负责组建全球采购团队,制定供应链策略和全寿命周期采购策略。工程和组装中心负责微型燃气轮机先进技术研制和整机组装。

3. 竞争策略

燃气轮机具有广泛的燃料适应性,可燃用柴油、煤油以及柴油/煤油混合物等。与相同功率的柴油机相比,其尺寸更小,重量更轻,运行时间更长(确保运行2年或5 000 h)。加之具有能实现更小维护间隔的空气轴承技术、无油的碳-空气支承系统和只有1个转动部件等优势,MTG12燃气轮机成为偏远地区信号塔供电设备的有力竞争性产品,同时在汽车用增程器和与太阳能电池板混合发电方面具有潜在的应用市场。

MTG12

1. 一般情况

主制造商　英国 Bladon Jets Ltd.。

结构形式　离心式、单轴微型燃气轮机。

功率等级　12 kW。

现　　状　生产。

产　　量　截至 2018 年 12 月,开始装运首台生产型装置。

价　　格　约为 1.39 万美元(2020 年)。

应用领域　专用于电信公司的信号塔用电,还可用于汽车增程器。

竞争机型　在燃气轮机尺寸和功率方面,目前尚无竞争对手。

2. 研制历程

公司创始人于 1989 年开始开展发电用微型燃气轮机预先研究工作,2018 年 12 月生产出首台 MTG12 燃气轮机,具体研制概况如下表所列。

MTG12 燃气轮机研制概况

时　　间	研　制　里　程　碑
1989 年	布雷顿兄弟开始研究微型燃气轮机初步方案
2002 年	布雷顿喷气机有限公司成立
2008 年	总部迁往马恩岛,并获得首个燃气轮机方面专利授权
2009 年	获得第 2 个有关燃气轮机应用于汽车用超轻增程器方面的专利授权
2013 年	在模拟实际运行环境下开始在捷豹 C-X75 概念车上测试燃气轮机
2014 年	终端用户印度塔塔汽车公司开始燃气轮机验收测试
2016 年 6 月	获得 500 台 MTG12 燃气轮机订单
2018 年 12 月	开始生产首台 MTG12 燃气轮机

3. 结构和性能

1)结构特点

(1)压气机:5 级,单轴轴流式。

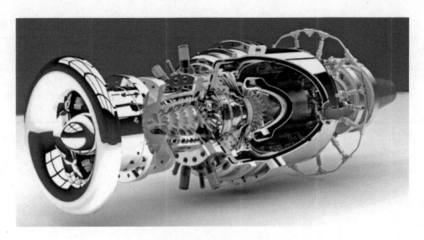

MTG12 微型燃气轮机结构

（2）燃烧室：标准洁净燃烧室，可燃用柴油、煤油、柴油/煤油混合油或天然气。

（3）涡轮：1 级，轴流式。

2）性能参数

MTG12 燃气轮机的主要参数

参　　数	数　　值
功率（100 m 海拔，25℃）/kW	12
直流发电效率/%	25
噪声等级（@1 m）/dB	<65
输出电压（单相）/V	230
电流/A	最大为 250 最大为 100/52
寿命/h	25 000
最小维护间隔/h	8 000

MTG12 燃气轮机的尺寸和重量

参　　数	数　　值
长度/mm	900
宽度/mm	1 450

参　　数	数　　值
高度/mm	1 470
重量(不包括电池组)/kg	600

罗尔斯·罗伊斯公司

1. 概况

罗尔斯·罗伊斯公司(Rolls Royce plc.)是全球重要的航空、防务和舰船动力设备供应商,总部位于英国西敏市。公司成立于 1906 年;1993 年 5 月,公司与西屋电气公司签订了涉及燃气轮机技术转让、技术联合开发、市场开发和联合循环发电厂建造的 15 年协议,进而能够有权使用重型燃气轮机和联合循环发电技术以及占有西屋电气公司在北美洲这个非常重要市场的份额;1994 年,收购艾利逊发动机公司,获得舰船推进 501 – K 燃气轮机技术,进一步扩充技术实力;2014 年 12 月,将工业航改燃气轮机和压缩机系统及相关服务出售给西门子股份公司,重点经营航空、防务和舰船动力系统三大核心业务。

公司生产的燃气轮机产品最大限度地保持与母型发动机的通用性,确保了舰船燃气轮机的有效性、可靠性和维修性,同时为了适应海洋环境而额外增加了耐腐蚀-侵蚀的材料和涂层,以便经受住沙蚀以及盐和水吸入腐蚀;开发了间冷回热循环技术,显著降低了驱动高压压气机所需的功率;还可以在相同循环温度下,产生更大的功率,并显著降低燃油消耗量。燃气轮机燃烧室采用预混合燃烧技术,提供了极佳混合物的湍流混合方法,从而使 NO_x 的排放量降到了个位数的排放水平。涡轮采用尖端设计技术,减少了由于气流泄漏造成的附加损失。高压涡轮叶片采用单晶材料以取消翼型冷却,同时利用定型尾缘和三维空气动力学设计技术提高级间效率。这些先进技术的采用,提高了整机性能。

公司业务涉及民用航空、防务航空和舰船三大领域。燃气轮机产品为 MT5、MT – 7、MT30、WR – 21 等,功率等级为 4～36 MW。凭借强大的科技实力,公司于 1962 年以"奥林巴斯"发动机为基础,研制成功"奥林巴斯"舰船推进燃气轮机,并由此奠定了该燃气轮机作为世界舰船用三大动力机型之一。20 世纪 60 年代初期,以"苔茵"涡桨发动机为基础,开始研制"苔茵"舰船推进燃气轮机。之后,于 1981 年研制成功"斯贝"燃气轮机,经过严格测试后最终定型,该燃气轮机凭借优良的性能、适当的功率和高可靠性受到多国海军青睐。21 世纪后,为了迎战老对手 LM2500 燃气轮机的挑战,在 Trent 800 发动机基础上于 2005 年研制成功 MT30 燃气轮机,该燃气轮机受到英国、美国和法国等国海军的青睐。但燃气轮机在低速小功率运行时的高油耗是其致命弱点,为彻底解决这个问题,公司利用在 1946 年开发的间冷回热技术,在 RB211 系列发动机基础上进行升级改造,联合美国西屋电气公司共同开发间冷回热方案,于 2003 年研制成功 WR‐21 燃气轮机。为了满足舰船上的电力需求,公司还研制了 MT5 和 MT‐7 舰船发电用燃气轮机。燃气轮机产品凭借性能高、排放低、可靠性高、维护性好、燃料适应性好、成本低等优势,广泛应用于舰船推进领域。

2. 组织机构

罗尔斯·罗伊斯公司旗下的海洋船舶集团负责航改舰船燃气轮机的研制和售后保障与服务。海洋船舶集团由三大业务部门组成,分别为近海工程部、海军装备部、商用船舶和潜器部。海军装备部负责航改燃气轮机的研制、生产和售后以及海军装备解决方案、支持服务及操作系统运维。

燃气轮机基础技术研究依靠与世界顶级大学多年来建立的协同创新体系——大学技术中心提供支持,海军装备部所属的工程设计部负责设计工作,燃气轮机服务、维修等业务依靠遍布世界的服务车间与支持团队开展。

3. 竞争策略

(1)与航空部门紧密结合。依托大量继承航空发动机的成熟且先进技术,开发出先进可靠的燃气轮机产品。

(2)采用持续升级和系列化发展策略。由于燃气轮机研制难度大,通常在一型成功的燃气轮机基础上不断地升级改进,提高性能。例如,在 501‐K 系列燃气轮机基础上研制出 MT5 燃气轮机,降低了设计和生产难度,缩短了研制周期,增大了功率,提高了可靠性和效率。

(3)灵活调整经营战略。2014 年,罗尔斯·罗伊斯公司将工业航改燃气轮机和压缩机系统及相关服务出售给西门子股份公司。2018 年,将商用船舶业务出售给挪威康士伯集团,出售包括推进系统、甲板机械、自动控制系统以及跨越 30 多个国家的服务网络和船舶设计能力,只保留了舰船燃气轮机业务,它将获得的收购资金,重点经营航空、防务和舰船动力系统三大核心业务。

MT5

1. 一般情况

主制造商　英国 Rolls Royce plc.。

结构形式　单轴/冷端输出、双轴/热端输出、轴流燃气轮机。

功率等级　2~5 MW。

现　　状　生产。

产　　量　截至 2021 年初,已售出超过 200 台。

改进改型 MT5S 基本型的功率增大型。

RR-4500 采用 MT5S 燃气轮机核心机的单轴高压比燃气轮机，最大持续功率为 4.5 MW(15℃)和 3.9 MW(38℃)。

MT5S-HE+ 最新功率增大型，功率达到 4 MW。

AG9130/AG9140 由 501-K34 燃气轮机组成的舰船发电机组。AG9130 在连续放气状态下功率为 2.5 MW，在无连续放气状态下功率为 3.0 MW，应急发电功率为 4.5 MW。

AG9160 AG9140 发电机组的改进型，配装于第三批次阿利·伯克级(Arleigh Burke Class)驱逐舰。

价　　格 175 万~335.3 万美元(2018 年)。

简单循环发电装置包括燃用单种燃料燃气轮机整机、空气冷却发电机、发电机底座、进气屏蔽装置、监测装置、起动机和控制装置、传统燃烧系统。

应用领域 舰船、商船、浮式生产储油卸油轮和平台式海上天然气液化工厂的发电装置。

竞争机型 竞争机型有通用电气公司的 LM500 燃气轮机。

2. 研制历程

MT5 燃气轮机是罗尔斯·罗伊斯公司在 501-K 系列燃气轮机基础上研制的船用发电型燃气轮机。501-K 燃气轮机于 20 世纪 50 年代中期开始研制，1971 年首次在舰船上投入使用，具体研制概况如下表所列。

MT5 燃气轮机研制历程

时　　间	研 制 里 程 碑
20 世纪 50 年代中期	开始研制 501-K 燃气轮机
1971 年	首次将 501-K 燃气轮机用于斯普鲁恩斯级驱逐舰上
1986 年 3 月	开始研制 AG9130 燃气轮机发电机组
1987 年	开始向美国巴斯钢铁公司交付首套 AG9130 燃气轮机发电机组
1990 年 8 月	开始在阿利·伯克级驱逐舰上进行 AG9130 燃气轮机发电机组的首次海上航行试验
1991 年末	研制成功发散冷却火焰筒
2004 年	开始研制功率增大型 MT5S 燃气轮机
2006 年	首次将 AG9140 燃气轮机发电机组用于韩国宙斯盾驱逐舰上

时　　间	研 制 里 程 碑
2013 年 10 月	配装 2 台 RR - 4500 燃气轮机辅助发电机组的美国朱姆沃尔特级驱逐舰下水
2014 年 12 月	将工业航改燃气轮机和压缩机系统及相关服务出售给西门子股份公司
2019 年	开始生产最新功率增大型 MT5S - HE+

3. 结构和性能

1) 结构特点

(1) 压气机：14 级轴流式,进口导向叶片和静子叶片均不可调;转子叶片材料为 17 - 4 PH,静子叶片为 410 不锈钢;第 1 级轮盘材料为 AMS 6260;第 2~13 级轮盘材料为 410 不锈钢,第 14 级轮盘材料为 17 - 4 PH;机匣材料为钢,进气机匣材料为铝。

(2) 燃烧室：环管形,有 6 个火焰筒、6 个燃油喷嘴、2 个直流火花塞点火器,可使用天然气、液体燃料和两者的混合燃料;火焰筒和燃烧室外壁材料为 Hastelloy X;机匣材料为钛合金。

(3) 涡轮：MT5 燃气轮机有单轴和双轴两种,单轴型的 4 级轴流涡轮用螺栓连在一起,双轴型的前 2 级涡轮用于驱动燃气发生器,后 2 级涡轮用于驱动功率输出轴;涡轮工作叶片材料为 In738,叶根为枞树形;导向叶片材料为 X - 40;轮盘材料为 Waspaloy,涡轮机匣材料为 Hastelloy X;所有各型的第 1 级导向叶片和工作叶片均采用中空空气冷却;导向叶片和工作叶片采用铝扩散涂层进行硫化保护;动力涡轮的第 1 级工作叶片的材料为 In738,第 2 级工作叶片的材料为 Waspaloy;导向叶片材料为 X - 40;轮盘材料为 Waspaloy,机匣材料为 Hastelloy X。

(4) 附件传动系统：有 3 个滚柱轴颈轴承和 2 个止推滚珠轴承。

(5) 控制系统：采用电子控制调速系统,可实现手动、半自动和全自动操作。

2) 性能参数

舰船发电型 MT5 燃气轮机的主要参数

参　　　数	抽 气 型	非 抽 气 型
持续功率[①]/MW	2.5	3.0
最大功率[②]/MW	4.5	4.5
压比	9.4	9.4
质量流量/(kg/s)	13.2	14.1

参　　数	抽　气　型	非　抽　气　型
涡轮进口温度/℃	1 172	1 172
排气温度/℃	603	592
输出转速/(r/min)	14 340	14 340
发电机转速/(r/min)	1 800	1 800
可抽气能力/(kg/s)	1.1	—

注：① 包括发电机和齿轮箱损失；② 可应急使用 5 min。

舰船发电型 MT5 燃气轮机的尺寸和重量

参　　数	抽　气　型	非　抽　气　型
长度/mm	8 650	8 650
宽度/mm	2 370	2 370
高度/mm	3 380	3 380
重量/kg	29 257	

MT－7

1. 一般情况

主制造商　英国 Rolls Royce plc.。

供 应 商　美国 Controlex Division（燃气轮机控制组件）；

美国 Eaton Aerospace, Fuel&Motion Control Systems Division（滑油和回油泵）；

美国 UTC Aerospace Systems, Engine Components（燃油喷嘴）；

美国 Unison Industries, Norwich Operations（点火线输入端和燃气轮机导线）。

结构形式　轴流燃气轮机。

功率等级　4~5 MW。

现　　状　生产。

产　　量　至 2020 年末, 约生产 40 台。

价　　格　230 万美元（2018 年）。

应用领域 主要用于小型水面战舰的推进动力和大型水面战船的发电装置。

竞争机型 作为舰船发电装置,主要竞争机型是柴油机;作为小型水面舰船的推进动力,主要竞争机型是万瑞可动力系统有限责任公司的ETF40B 燃气轮机。

2. 研制历程

MT – 7 燃气轮机于 2010 年开始设计,2018 年投入使用,具体研制概况如下表所列。

MT – 7 燃气轮机研制历程

时　间	研 制 里 程 碑
1988 年 8 月	开始首次测试 MT – 7 燃气轮机的母型机 T406 涡轴发动机
2008 年 6 月	公布舰船推进型 MT – 7 燃气轮机的各性能参数
2010 年 4 月	开始研制 MT – 7 燃气轮机
2012 年 6 月	MT – 7 燃气轮机被选作船-岸连接器 LCAC – 100 气垫船的推进动力
2015 年 6 月	MT – 7 燃气轮机完成首个 500 h 性能试验
2015 年末	开始交付配置了 LCAC – 100 气垫船的首批 4 台生产型 MT – 7 燃气轮机
2018 年	美国海军接收首艘配置了 MT – 7 燃气轮机的 LCAC – 100 气垫船
2020 年 6 月	与美国海军签订了一项价值高达 1.156 亿美元的 MT – 7 燃气轮机组件和售后服务合同

3. 结构和性能

1)结构特点

(1)压气机:14 级轴流,前 6 级静子叶片可调,可在不同的运行工况内调整空

MT – 7 燃气轮机外形图

气流量。

（2）燃烧室：环形，采用对流气膜冷却，有 16 个燃油喷嘴。

（3）涡轮：高压涡轮为两级轴流设计，采用气冷单晶叶片。动力涡轮为两级气冷式。

（4）附件传动系统：起动机为安装在传动齿轮箱上的气动空气涡轮起动马达。

（5）控制系统：采用具有双冗余结构的全权限数字式电子控制器，一个控制器计量燃料；另一个冗余配置的控制器处于热备用状态。有效工作的控制器也规定压气机可调静子叶片的几何位置、控制燃烧室的点火器并且调整燃气轮机的抽气阀。全新设计的电子控制器，可用于在程序起停、稳定和瞬态控制、监视、故障探测以及超速、振动超限、滑油压力过低和涡轮进口温度过高等状态下的应急停机保护。通过燃油调节阀的调整，控制器可实现对燃气轮机输出功率的控制。

2）性能参数

MT - 7 燃气轮机的主要参数

参　　数	数　　值
功率/MW	4.5
效率/%	33
耗油率/[kg/(kW·h)]	0.26
输出转速/(r/min)	15 000

MT - 7 燃气轮机的尺寸和重量

参　　数	数　　值
长度/mm	1 500
宽度/mm	700
高度/mm	900
干重/kg	702.2

WR - 21

1. 一般情况

主制造商　英国 Rolls Royce plc.（主制造商）。

供 应 商　美国 Northrop Grumman Mission Systems（NGMS）（系统集成、系统试验、性能分析以及箱装体与燃气轮机附件设计）；

　　　　　美国 Alliedsignal Inc.（间冷器和回热器）；

　　　　　加拿大 Aviation Electronics Inc.（CAE）（数字控制系统）。

结构形式　轴流、三轴、复杂循环航改燃气轮机。

功率等级　25 MW。

现　　状　生产。

产　　量　截至 2020 年初，已生产 12 台。

价　　格　1 050 万~1 150 万美元（2018 年）。

应用领域　舰船推进。

竞争机型　竞争机型为通用电气公司的 LM2500/LM2500+燃气轮机和曙光机械设计科研生产联合体的 UGT－25000 燃气轮机。

2. 研制历程

WR－21 燃气轮机于 1991 年开始研制，2003 年投入使用，具体研制概况如下表所列。

WR－21 燃气轮机研制历程

时　间	研制里程碑
1991 年 12 月	开始以 RB211 系列发动机为基础研制 WR－21 燃气轮机
1994 年 7 月	开始在英国皮斯托克试验台开展全尺寸 WR－21 燃气轮机研制试验
1997 年 5~9 月	WR－21 燃气轮机以完全间冷回热方式通过第一个 500 h 耐久试验
1999 年底	在美国完成 WR－21 燃气轮机第二个 500 h 耐久试验
2000 年 2 月	完成 WR－21 燃气轮机设计定型
2000 年 8 月	开始 WR－21 燃气轮机的制造工作
2001 年 1 月	在法国舰艇建造局的英得莱特试验台开始 3 000 h 耐久性试验
2003 年	WR－21 燃气轮机投入使用
2004 年 3 月	配装 WR－21 燃气轮机的英国海军第 1 艘 T－45 型驱逐舰通过工厂验收试验
2007 年 9 月	配装 WR－21 燃气轮机的英国海军第 2 艘 T－45 型驱逐舰下水
2009 年	配装 WR－21 燃气轮机的 T－45 型"前卫"号驱逐舰在前往美国的首次航行中，在大西洋上出现电力中断故障
2010 年	WR－21 燃气轮机配装 T－45 型驱逐舰数量达到 6 艘

续　表

时　间	研 制 里 程 碑
2012 年	配装 WR－21 燃气轮机的 T－45 型"无畏"号驱逐舰在塞内加尔海面上执行任务时,驱逐舰的多个电力供应系统中断
2014 年	"无畏"号因电力供应系统中断不得不暂停海上训练任务,返航进行应急修理
2016 年 1 月	因推进系统不断产生电力中断故障和航行停机故障,英国海军全部 6 艘 T－45 型驱逐舰面临改换推进系统的风险
2018 年 11 月	与英国海军签署了为 T－45 型驱逐舰提供 18 台 MTU－4000 系列柴油发电机组的协议,每艘舰船上的 3 台柴油发电机组将与 2 台 WR－21 燃气轮机形成互补,同时为电力推进系统供电
2020 年 10 月	与英国国防部签署谅解备忘录,将为 WR－21 燃气轮机提供持续改进
2021 年 5 月	获得英国国防部为 T－45 型驱逐舰提供 WR－21 燃气轮机的合同,合同持续至 2026 年

3. 结构和性能

1）结构特点

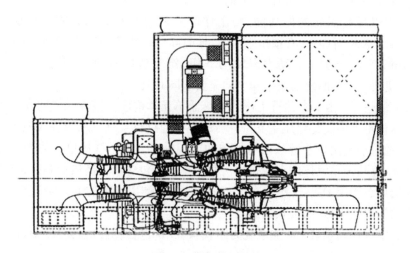

WR－21 燃气轮机结构

（1）压气机:中压压气机为 6 级固定几何形状,第 2~6 级转子叶片和静子叶片、第 2、3、4、6 级盘以及滚子轴承和放气阀门与 RB211－535 的部件相同;第 1 级叶形重新设计,流量比 RB211－535 的增大约 4%;转子叶片和轮毂由钛合金制造,除了第 4 级静子叶片采用铝合金以外,其余几级静子叶片都采用 12%（质量分数）铬钢。高压压气机为 6 级固定几何形状,转子叶片、盘、静子和后轴组件与 RB211－

535 相同;第 1~4 级的盘和转子叶片采用钛合金制造,第 5、6 级转子叶片采用镍基合金制造;第 1~4 级静子叶片采用铬钢制造,第 5、6 级静子叶片采用镍基合金制造。

(2) 间冷器:位于中压压气机和高压压气机之间,以减少高压压气机的加功量、提高燃气轮机的输出功率以及与回热器和动力涡轮一起降低耗油率。间冷器系统由机上间冷器组件和机外海水换热器组件构成,通过机上气液换热器从中压压气机的出口空气中提取热量,由 1∶1 的乙二醇/水混合物组成的传热液体将热量带到机外乙二醇/水-海水换热器中,最终由机外换热器中的海水将这些热量排入大海。

(3) 燃烧室:有 9 个火焰筒,每个火焰筒有径向安装在燃烧室燃油总管上的倾斜的气动雾化燃油喷嘴。燃烧室总管包括 1 个供气总管和 1 个回气总管;供气总管取出高压压气机的排气,借助管路将其供到回热器,回气总管不断地将回气分配到燃烧室;采用密封件,防止供气总管和回气总管发生泄漏;每个火焰筒有 2 个不是相对安装的点火器和 2 个点火激励线圈,每个线圈通过高压电缆单独控制 1 个点火器的工作。

(4) 涡轮:高压涡轮为单级,工作叶片和导向叶片采用气膜冷却,并且有冷却的预扭矩齿冠;叶片采用涂有硅铝涂层的 In738 材料加工。中压涡轮工作叶片采用新叶形,以提高涡轮的做功能力,工作叶片采用涂有硅铝或铂铝涂层的单晶 CMSX - 4 合金材料加工,有预扭矩齿冠;导向叶片采用冷却结构,并采用涂有硅铝涂层的 In718 材料加工。动力涡轮为 5 级,第 1 级叶片可调,其设计点选择在 67%,以使低功率下的燃油效率和全功率要求同时兼顾。

(5) 回热器:由 2 个并行工作的换热器单元体构成。该单元体的顶部由连接到回热器机匣上的支持增压室支持。压缩空气通过空气进口总管进入该单元体的上端,并通过空气出口总管从该单元体的下端排出。热燃气从单元体的底部进入该单元体,并从该单元体的上端排出。每个单元体包含 4 个换热器芯体,空气进口总管和出口总管用 Ω 形软外壳连在一起。这些芯体以逆流的形式组装在一起,构成紧凑的铜焊的平板-鳍板式换热器。

(6) 附件传动系统:滑油系统为闭式系统(自包容装置),具有冷却、存储和过滤燃气轮机滑油的功能。

(7) 控制系统:控制系统是在先进而成熟的战术型全权限数字控制系统的基础上开发的。根据舰船系统或位于燃气轮机电子控制器箱装体前部的人-机界面的命令,实现对 WR - 21 燃气轮机系统的全面控制、保护和监视,还能对其进行故障探测。该控制系统处理来自 140 个传感器的数据,协调 58 个执行机构的动作,以调节燃油流量,预定可调面积导向器和放气阀调节规律,调节起动顺序,控制回热器和间冷器的控制器。

2）性能参数

WR－21 燃气轮机的主要参数

参　数	100%载荷	30%载荷
标准连续状态额定功率/MW	25.2	9.2
压比	16.2	8.1
耗油率/[kg/(kW·h)]	0.20	—
质量流量/(kg/s)	73.0	39.0
涡轮进口温度/℃	852	852
排气温度/℃	355	272
输出转速/(r/min)	3 600	2 600

WR－21 燃气轮机的尺寸和重量

参　数	数　值
长度/mm	8 080
宽度/mm	2 650
高度/mm	4 570
估重/kg	54 431.1

MT30

1. 一般情况

主制造商　英国 Rolls Royce plc.（主制造商）。

供 应 商　美国 Arconic Engines，Winsted Operations（涡轮导向叶片）；

美国 Cannon－Muskegon Corp.（转子叶片、高压和低压涡轮）；

美国 Eldec（近程开关）；

巴西 GE Brasil（燃烧室外机匣）；

日本 IHI Corporation（中压压气机盘）；

英国 Ionix（导线外绝缘套管组件）；

日本 Kawasaki Heavy Industries（KHI），Gas Turbine Division，

Akashi Works(轮盘);

美国 Ladish Co. Inc. (压气机轮盘锻件);

美国 Precision Castparts Corp. (PCC)(排气机匣);

法国 Safran Transmission Systems(Hispano - Suiza)(附件传动齿轮箱);

英国 Saint Bernard Plastics(进气机匣衬套);

美国 UTC Aerospace Systems,Aerostructures(内部/外部排气管);

美国 Woodward Inc.(燃油计量装置)。

结构形式 轴流、双轴燃气轮机。

功率等级 36 MW。

现　　状 生产。

产　　量 截至 2021 年初已生产 32 台。

改进改型 MT50 基本型的功率增大型。

价　　格 1 400 万~2 200 万美元(2017 年)。

应用领域 舰船推进。

竞争机型 竞争机型为通用电气公司的 LM2500+燃气轮机和曙光机械设计科研生产联合体的 UGT - 25000 燃气轮机。

2. 研制历程

MT30 燃气轮机于 2000 年 6 月开始设计,2008 年投入使用,具体研制概况如下表所列。

MT30 燃气轮机研制历程

时　间	研 制 里 程 碑
2000 年 6 月	以 Trent 800 发动机为基础开始研制 MT30 燃气轮机
2002 年 3 月	公布 MT30 燃气轮机各性能参数
2002 年 9 月	开始进行 MT30 燃气轮机样机试验
2002 年 12 月	完成 MT30 燃气轮机样机试验,运行时间达 80 h
2003 年	MT30 燃气轮机被选为英国新型航空母舰伊丽莎白女王号和美国朱姆沃尔特级驱逐舰的主动力装置
2003 年 2 月	MT30 燃气轮机被选为朱姆沃尔特级驱逐舰的综合电力系统动力模块
2003 年 2 月	在布里斯托尔试验站开始测试 MT30 燃气轮机试制样机
2004 年 2 月	MT30 燃气轮机通过挪威船级社认证

续　表

时　间	研 制 里 程 碑
2004 年 7 月	MT30 燃气轮机在英国布里斯托尔通过美国船级社的认证,运行循环数和运行时间分别为 198 个和 1 500 h
2004 年第 3 季度	开始向市场提供 MT30 燃气轮机
2008 年	MT30 燃气轮机在美国海军濒海战斗舰自由号上投入使用
2012 年 5 月	获得一份为美国海军濒海战斗舰两艘新舰提供动力和推进系统的合同
2013 年 9 月	MT30 燃气轮机被选为英国海军 T - 26 型护卫舰的动力
2015 年 3 月	成功将首台 MT30 燃气轮机装入英国新型航空母舰威尔士亲王号上
2015 年 12 月	MT30 燃气轮机在英国新型航空母舰伊丽莎白女王号上成功运行
2016 年 3 月	MT30 燃气轮机被选为意大利两栖的动力
2016 年 10 月	配装 MT30 燃气轮机的首艘朱姆沃尔特级驱逐舰服役
2017 年 5 月	MT30 燃气轮机被选为韩国海军仁川级护卫舰的动力
2017 年 12 月	宣称朱姆沃尔特级二号驱逐舰在海试时 MT30 燃气轮机涡轮叶片发生损伤故障
2018 年 5 月	日本海上自卫队的新型护卫舰(30FFM)选择 MT30 燃气轮机作为推进动力,成为第 5 个选择该燃气轮机作为海军舰船动力的国家
2019 年 9 月	第 50 台 MT30 燃气轮机在布里斯托尔生产线下线
2019 年 12 月	MT30 燃气轮机被选为韩国海军蔚山级护卫舰的动力
2020 年 10 月	与英国国防部签署谅解备忘录,将为 MT30 燃气轮机提供持续改进
2021 年 5 月	获得英国国防部为航空母舰伊丽莎白女王号提供 MT30 燃气轮机的合同,合同持续至 2026 年

3．结构和性能

1）结构特点

（1）进气装置：径向或轴向进气。

（2）压气机：中压压气机为 8 级,前 3 级静子叶片可调;高压压气机为 6 级,有 3 个放气阀进行起动/低状态放气。

（3）燃烧室：环形,有 24 个燃料喷嘴、2 个点火器。

（4）涡轮：高压涡轮为 1 级,导向叶片和工作叶片气冷,工作叶片材料为铸造单晶合金(CMSX - 4),且内外都应用了防腐涂层;中压涡轮为 1 级,不需要冷却,材料为铸造单晶合金(CMSX - 4);动力涡轮为 4 级,带有高展弦比的导向叶片和工作叶片,由 Trent 800 发动机和工业 Trent 燃气轮机派生,为适应舰船环境采取了适当的防护措施。

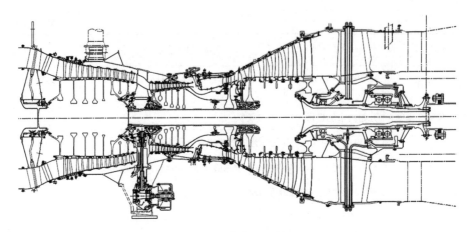

MT30 燃气轮机结构

（5）附件传动系统：高压燃油系统组成由燃气轮机驱动燃料泵和液体燃料节流系统；起动系统为液压式，包括 1 台在机液压起动机和离合器组件。

（6）控制系统：采用伍德沃德公司全权限数字控制系统。

2）性能参数

MT30 燃气轮机的主要参数

参　　　数	数　　　值
最大持续功率（环境温度 26℃）/MW	36
最大持续功率时的效率/%	40
压比	24
耗油率/[kg/(kW·h)]	0.207
质量流量/(kg/s)	113
排气温度/℃	474
输出转速（发电型）/(r/min)	3 600
输出转速（机械驱动型）/(r/min)	3 300

MT30 燃气轮机的尺寸和重量

参　　　数	机械驱动型	发电型
长度/mm	9 170	16 150
宽度/mm	3 830	5 820

续　表

参　　数	机械驱动型	发电型
高度/mm	5 030	5 100
主机重量/kg	6 200	—
总重量/kg	77 000	—

美　国

凯普斯通绿色能源公司

1. 概况

凯普斯通绿色能源公司(Capstone Green Energy Corporation)是一家为全球分布式发电行业提供技术解决方案的微型燃气轮机研制公司,总部位于美国加利福尼亚州。公司成立于1988年,初始名称为凯普斯通涡轮公司;2000年首次公开发行股票,成为上市公司;2004年在美国纽约成立了办事处,扩大了公司规模;2005年,公司面向世界,在东京、上海、米兰和墨西哥城成立了自己的办事处;2021年4月,公司更名为凯普斯通绿色能源公司,增加了新的业务线、产品、网络合作伙伴和服务。

公司微型燃气轮机采用了4项关键技术:① 采用了先进的空气轴承设计技术,确保燃气轮机在寿命周期内只需最少维护和无须滑油运行以及清洁排放,并将系统简化为单个移动部件,也消除了对任何冷却或其他辅助系统的需要;② 将高速交流发电机装进燃气轮机机械装置中,两机同轴,组成1个紧凑的高转速的涡轮交流发电机,装置不需要减速箱,高速交流发电机又可用作启动电动机,从而进一步减小了机组的体积;③ 采用效率可达90%的高效回流换热器先预热燃烧室所用空气,减少燃料消耗,故可使燃气轮机的效率提高到30%;④ 采用基于功率逆变控制器的电力转换技术,可进行输出频率转换,也可调解成其他输出频率,更适合适时载荷起降。另外,通过热交换器捕获来自微型涡轮排气的热量,以便给用能设备提供热空气和热水,这使装置总的能量效率大于80%。

公司业务范围主要是冷热电三联供解决方案、混合动力汽车的车载发电机以及将油田和生物质废气转化为电能、备用电源等。燃气轮机产品为C30、C65、C200、C600、C800和C1000系列,功率等级为30~1 000 kW。其中,C600发电机组由3台C200组成,C800发电机组由4台C200组成,C1000发电机组由5台C200组成。公司于1993年开始开发微型燃气轮机发电机元件;1994年研制成24 kW样机;1996年小批量生产了37台样机供现场试验;1997年开始进行30 kW样机现场试验,之后又推出60 kW发电机组和45 kW车用机组;1998年首次在全球推出微型燃气轮机产品;2000年,公司生产出125~200 kW机组;2020年8月,公司与美国能源部的阿贡国家实验室合作开发出可燃用氢燃料的微型燃气轮机产品,可以成功地将可燃烧的混合燃料(氢和天然气混合)中的氢比例提升到70%。截至2021年4月,公司售出燃气轮机共计9 980台。燃气轮机产品集成了航空发动机、高效回热器、空气轴承、高速永磁发电、超低排放、数字电力转换等多种高新技术,广泛应用于分布式发电、冷热电联供、混合动力汽车等领域,在微型燃气轮机市场处于绝对统治地位。

2. 组织机构

公司管理机构包括市场营销与分配部、客户服务与产品开发部、财务与核算部、运营部。市场营销与分配部负责管理和指导公司分销战略与执行全球营销计划;客户服务与产品开发部负责燃气轮机项目管理和产品研制;财务与核算部负责对公司财务、资金、成本、费用实行宏观管理;运营部负责制订公司整体运营方针、策略、运营管理计划和方案,并组织实施。

3. 竞争策略

公司依托先进的微型燃气轮机技术,提高燃气轮机环保性和降低用户使用成本,持续引领微型燃气轮机市场发展。先进的低排放燃烧室无需陶瓷或进口材料,更无须催化燃烧。极低的NO_x(C65小于9 ppm)、CO和THC排放水平,确保了废热气在排出之前进入回热器进行废热直接利用,无须任何净化。燃气轮机最先采用专利技术的免维护空气轴承,无需油或其他润滑剂。燃气轮机和控制器采用空气冷却设计,不需要水、防冻剂和水泵,没有齿轮、传送带或驱动设备等组件,只有1个可移动部件,维护间隔可达2万小时以上,维护量小,极大地降低了全寿命周期的运行成本。在2018年荷兰阿姆斯特丹游艇设备及配件展览会上,公司宣布考虑将C65燃气轮机用于游艇热电联供,意欲进一步扩大燃气轮机的应用市场。

燃气轮机产品具有广泛的燃料适应性,目前燃用高压或低压天然气,改进后可燃用柴油、煤油、丙烷,以及填埋场、油田、污水处理厂、农村消化池产生的低热值沼气,为客户节省燃料成本。燃气轮机热电联供联合循环效率达80%,冷热电联供联合循环效率达90%。

C30/C65/C200

1. 一般情况

主制造商　美国Capstone Green Energy Corp.。

结构形式　离心式、单轴微型燃气轮机。

功率等级　分别为30 kW、65 kW和200 kW。

现　状　生产。

产　量　截至2020年初,已生产和安装9 300台。

改进改型　C600　由3台C200组成的发电机组,功率为600 kW。

　　　　　　C800　由4台C200组成的发电机组,功率为800 kW。

　　　　　　C1000　由5台C200组成的发电机组,功率为1 000 kW。

价　　格　C30 为 3.25 万美元(2020 年),C65 为 14 万美元(2020 年),C200 为 20 万美元(2020 年),C1000 为 62.5 万~69.5 万美元(2020 年)。

应用领域　发电,包括分布式发电、冷热电联供、资源循环利用发电(将油田和生物废气转换为电力)和混合电动汽车的电源。

竞争机型　竞争较少,只有 C200 的竞争机型为佛雷斯能源公司的 MT250 系列燃气轮机。

2. 研制历程

20 世纪 90 年代中期,率先将 C30 微型燃气轮机投放市场;2004 年 4 月,将 C200 微型燃气轮机投放市场;2005 年 12 月,将作为 C30 燃气轮机型号补充的 C65 微型燃气轮机投放市场;具体研制概况如下表所列。

C30/C65/C200 微型燃气轮机研制概况

时　　间	研　制　里　程　碑
20 世纪 90 年代初	开始开发微型燃气轮机发电机元件
1994 年	研制成 24 kW 微型燃气轮机样机
20 世纪 90 年代中期	率先将全球第 1 台 30 kW 微型燃气轮机 C30 投放市场
2001 年	开始生产回热型 C30 燃气轮机
2004 年 4 月	将 C200 微型燃气轮机投放市场
2005 年 12 月	将 C65 微型燃气轮机投放市场
2009 年 9 月	C200 微型燃气轮机通过美国保险商实验室 2200 和 1741 标准取证
2010 年 6 月	C1000 燃气轮机通过美国保险商实验室 2200 和 1741 标准取证
2010 年 12 月	燃用压缩天然气的 C30 燃气轮机满足或超过了美国加利福尼亚州空气资源委员会 2010 规定的城市客车用重型柴油机排放标准
2013 年 10 月	将微型燃气轮机应用领域拓展至商用船市场
2015 年 12 月	将 C1000S 型燃气轮机投放市场
2016 年 11 月	在美国能源部资助下,开展 C65 和 C200 燃用氢气与天然气混合燃料的测试
2017 年 4 月	将 C200S 型燃气轮机投放市场
2020 年 8 月	与美国能源部的阿贡国家实验室合作开发出可燃用氢燃料的微型燃气轮机产品

3. 结构和性能

1) 结构特点

(1) 压气机:单级离心式。

(2) 燃烧室:环形回流式,采用贫油预混干式燃烧系统,可进行双燃料贫油燃烧。

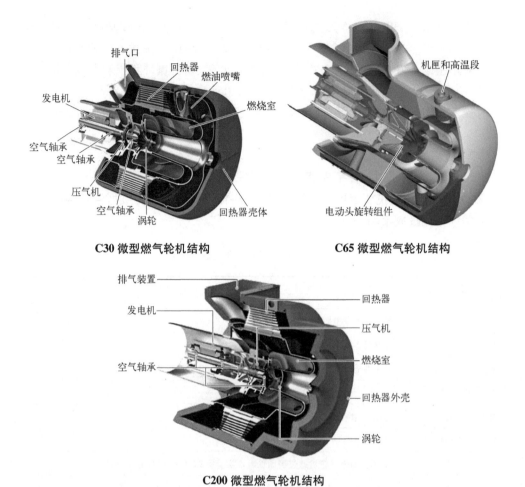

C30 微型燃气轮机结构   **C65 微型燃气轮机结构**

C200 微型燃气轮机结构

（3）涡轮：单级、径流式。

（4）回热器：为金属的、对流、全焊和一次表面式，由 HR - 120 合金制成。

（5）附件传动系统：发电机高频输出的电能由数字化的功率控制器转换为 50 Hz 和 60 Hz 的电功率；采用专利技术的空气轴承，使转子与轴承无接触，无需润滑剂，极大地提高了燃气轮机的可靠性，降低了维护需求。

2）性能参数

发电型 C30/C65/C200 微型燃气轮机的主要参数

参　　数	C30(非液体燃料)	C65(天然气燃料)	C65(热电联供)	C200(天然气燃料)
功率/kW	30(+0/-2)	65	65	200
效率(低热值)/%	26(±2)	29	29	31/73(热电联供)

续 表

参 数	C30(非液体燃料)	C65(天然气燃料)	C65(热电联供)	C200(天然气燃料)
热耗率(低热值)/[kJ/ (kW·h)]	13 800	12 450	12 900	12 450
质量流量/(kg/s)	0.31	0.49	0.49	1.39
排气温度/℃	275	309	309	280
NO_x排放(15% O_2)/ppm	<9	<5	<9	<9
噪声等级(@10 m)/dB	65	70	—	70
燃料消耗量(天然气,高热值)/(kJ/h)	457 000	888 394	—	2 400 000
排气能量/(kJ/h)	327 000	591 911	591 911	4 800 000

C30/C65/C200 微型燃气轮机的尺寸和重量

参数	C30(高压天然气或气态丙烷燃料)	C30(垃圾产生的沼气燃料)	C30 (液体燃料)	C30(混合电动汽车用的多种燃料)	C65 (天然气燃料)	C65 (热电联供,天然气燃料)	C200 (天然气燃料)
长度/mm	1 516	1 516	1 516	836	1 956	1 956	2 490
宽度/mm	762	762	762	572	762	762	1 700
高度/mm	1 943	1 943	1 943	629	2 108	2 387	2 490
重量/kg	405	405	405	102	758[1] / 1 121[2]	1 000[2] / 1 346[3]	2 730[2] / 3 640[3]

注：①仅是燃气轮机组件尺寸(不包括数字式功率控制器)；②与电网相连的重量；③热电联供模式重量。

在特定场所用的 C30/C65 微型燃气轮机的尺寸和重量

参 数	在非危险区域使用不锈钢罩壳		美国消防协会(National Fire Protection Association)496 规范-国家电气规范(National Electric Code)Ⅰ级、1 段、C 和 D 群组、X 类型	
	C30	C65	C30	C65
长度/mm	2 159	2 540	2 717	3 175
宽度/mm	889	889	889	889
高度/mm	2 235	2 362	2 235	2 362
重量/kg	1 043	1 587	1 134	1 678

佛雷斯能源公司

1. 概况

佛雷斯能源公司(Flex Energy Inc.)为电力解决方案供应商,总部位于美国加利福尼亚州尔湾市。公司后期收购的美国英格索兰公司早在 1990 年初就开始组建自动涡轮机械在微型燃气轮机上的应用研发团队;2000 年,为了满足市场增长的需求,英格索兰公司设立能源业务部门,开始研制微型燃气轮机;2011 年 1 月,佛雷斯能源公司将英格索兰公司能源业务收购;2013 年和 2014 年,佛雷斯能源公司先后获得两笔大额投资资金,为开发先进的微型燃气轮机技术提供了充足的资金保障。

燃气轮机具有较强的燃料适应性,可燃用氢比例达到 30% 的燃气;燃气轮机不仅采用了高效热交换器,确保热电联供总效率高达 85%,还采用了多台机组自动并联和同步技术,能够连接高功率载荷,具有低废气排放特性;燃气轮机还具有较强的燃料适应性,可将石油和天然气作业产生的相关火炬、废气和储罐蒸汽转化为连续的清洁能源,还可将垃圾填埋场、废水处理厂和沼气池中的沼气转化为电力和热能。

公司生产的燃气轮机产品为 MT250/MT333 燃气轮机。2001 年,公司研制成功并开始交付 70 kW 级的 MT70 燃气轮机,目前已停产;2004 年 2 月,交付首批商用型 250 kW 级 MT250 燃气轮机;2014 年,将 MT250 燃气轮机按比例放大,研制成功 333 kW 级 MT333 燃气轮机;2016 年,开始将 MT333 燃气轮机配置新型整体排气余热回收装置,使燃气轮机的功率进一步增大,效率进一步提高;2017 年,开始首次交付由 4 台 GT333S 发电机组组成的 GT1300S 燃气轮机机组;截至 2020 年初,已制造 1 100 台,主要应用于发电、热电联供、分布式发电等领域,其微型燃气轮机市场份额仅次于凯普斯通绿色能源公司。

2. 组织机构

公司设立应用和产品工程部、运营与服务部,主要开展燃气轮机研制、运营与服务工作。

3. 竞争策略

作为市值仅次于凯普斯通绿色能源公司的微型燃气轮机研制商,佛雷斯能源公司在完成俄罗斯分布式发电公司的订单后,储备了充足资金和燃气轮机备件,为燃气轮机研制和市场开拓奠定了基础。同时为应对凯普斯通绿色能源公司的产品竞争,公司开始重点开拓凯普斯通绿色能源公司未涉足的市场,如澳大利亚市场等。

MT250/MT333

1. 一般情况

主制造商　美国 Ingersoll Rand(主制造商,2001~2011 年);

美国 Flex Energy Inc. , Irvine(主制造商,2011 年至今);

美国 Flex Energy Inc. , Portsmouth(第二制造商,2011 年至今)。

结构形式　单轴、微型燃气轮机。

功率等级　250 kW 和 333 kW。

现　状　生产。

产　量　截至 2020 年初,已制造 250 kW 和 333 kW 功率的燃气轮机 1 100 台。

改进改型　GT250S　原型号名称,现为 MT250。

GT333S　原型号名称,现为 MT333。

GT1300S　由 4 台 GT333S 组成的发电机组,功率为 1.3 MW。

价　格　MT250 为 23 万~27.5 万美元、MT333 为 31.5 万~36.5 万美元(2020 年)。

应用领域　发电、热电联供、分布式发电。

竞争机型　竞争机型为凯普斯通绿色能源公司相同功率等级的燃气轮机产品。

2. 研制历程

2001 年,美国英格索兰公司在德国德莱赛兰公司 KG2 燃气轮机的基础上研制了 MT250 微型燃气轮机;2003 年,产品首次正式投放市场;2014 年,佛雷斯能源公司将 MT250 燃气轮机按比例放大,研制出 MT333 燃气轮机;研制历程如下表所列。

MT250/MT333 燃气轮机研制历程

时　间	研 制 里 程 碑
2001 年	英格索兰公司开始研制 MT250 微型燃气轮机
2003 年	首次正式将 MT250 燃气轮机投放市场
2004 年 2 月	英格索兰公司宣布首台 250 kW 的 MT250 燃气轮机开始商业运行
2005 年 11 月	MT250 燃气轮机系统通过美国加利福尼亚州空气资源委员会认证,确认符合 2007 年排放标准

续　表

时　间	研 制 里 程 碑
2011 年 1 月	佛雷斯能源公司收购英格索兰公司能源业务
2014 年	在 MT250 燃气轮机基础上,研制出 333 kW 的 MT333 燃气轮机
2016 年 7 月	开始将 MT333 燃气轮机配置新型整体排气余热回收装置,使燃气轮机功率进一步增大和效率提高
2018 年	完成向俄罗斯分布式发电公司供应价值 4 亿美元 MT250/MT333 燃气轮机的最大订单

3. 结构和性能

1) 结构特点

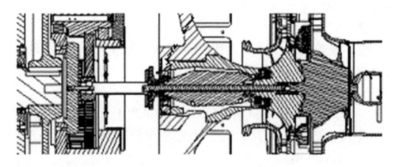

MT250 燃气轮机结构

(1) 压气机:单级。

(2) 燃烧室:单管、低排放、具有专利权的标准干低 NO_x 型。

(3) 涡轮:单级,自由动力涡轮驱动感应发电机。

(4) 换热器:具有专利权的换热器,设计寿命为 80 000 h。

(5) 油气增压器:为一体式、长寿命型,可在低油压场所安装使用,并使用低热值燃油。油气增压器基于成熟的螺杆式压缩机技术,可以处理大量低热值的燃油。

2) 性能参数

MT250 系列燃气轮机的主要参数

参　数		数　值
发电功率(±15)/kW	额定功率(带油气增压器)@ 15℃/kW	242
	额定功率(无油气增压器)@ 15℃/kW	250
额定热耗率(高热值)(带油气增压器)/[kJ/(kW·h)]		13 800

参　　　数		数　值
额定热耗率(高热值)(无油气增压器)/[kJ/(kW·h)]		13 341
额定热耗率(低热值)(带油气增压器)/[kJ/(kW·h)]		12 418
额定热耗率(低热值)(无油气增压器)/[kJ/(kW·h)]		12 007
NO_x 排放[天然气燃料、100%载荷、15% O_2(体积分数)]/ppm		<5
CO 排放[天然气燃料、100%载荷、15% O_2(体积分数)]/ppm		<5
电压/V		480/400
余热利用	回热器排气温度/℃	256
	燃气流量/(kg/s)	2.1
	回热器最大水流量/(L/min)	378.5
	回热器最大进水压力/kPa	862
	回热器最高进水温度/℃	82

MT333 系列燃气轮机的主要参数

参　　　数		数　值
发电功率(±15)/kW	额定功率(带油气增压器)@15℃/kW	308
	额定功率(无油气增压器)@15℃/kW	333
额定热耗率(高热值)(带油气增压器)/[kJ/(kW·h)]		12 600
额定热耗率(高热值)(无油气增压器)/[kJ/(kW·h)]		12 241
额定热耗率(低热值)(带油气增压器)/[kJ/(kW·h)]		11 400
额定热耗率(低热值)(无油气增压器)/[kJ/(kW·h)]		11 100
NO_x 排放[天然气燃料、100%载荷、15% O_2(体积分数)]/ppm		<5
CO 排放[天然气燃料、100%载荷、15% O_2(体积分数)]/ppm		<5
电压/V		480/400
余热利用	回热器排气温度/℃	264
	燃气流量/(kg/s)	2.3
	回热器最大水流量/(L/min)	852
	回热器最大进水压力/kPa	862
	回热器最高出水温度/℃	96

MT250/MT333 燃气轮机的尺寸和重量

参　数	MT250 系列	MT333 系列
长度/mm	4 260	4 170
宽度/mm	1 960	1 930
高度/mm	2 300	2 270
重量/kg	6 577	6 577

通用电气公司航空事业部

1. 概况

通用电气公司航空事业部是通用电气公司下属的世界领先的民用/军用航空发动机制造商,同时生产由航空发动机改型的舰船燃气轮机,并提供航空无线电服务,总部位于美国俄亥俄州辛辛那提市。1892 年,通用电气公司正式成立;1918 年,公司开始生产飞机引擎并持续发展壮大;2000 年,公司成立航空事业部并发展至今。

公司生产的压气机采用低展弦比叶片设计,具有低应力和承受小外物冲击而保持高性能的特点。压气机进口导向叶片和部分级静子叶片可调,部分机型的高压压气机转子叶片采用新型复合材料;燃烧室设计可满足气态和液态燃料使用,并开发燃用天然气和氢气的燃料技术;公司开发出世界上第一台采用干低排放预混技术的航改燃气轮机,同时采用注水或蒸汽减少 NO_x 排放;涡轮工作叶片采用互锁叶冠设计以减少叶尖气流损失和叶片振动;除采用可调静子叶片和放气阀外,还采用可调涡轮导向叶片、变几何燃烧室及修正参数控制逻辑等可控性技术。

公司业务涉及军用、民用发动机和机载系统的研制、生产和服务。其中,军用发动机业务还包括军用舰船燃气轮机业务。舰船燃气轮机产品为 LM500、LM1500、LM1600、LM2500、LM6000 等,功率等级为 4~50 MW。早在 1959 年,公司基于 J79 航空发动机研制成功 LM1500 燃气轮机,该燃气轮机最初安装在水翼船上,目前已停产。1969 年,公司基于 TF39 航空发动机研制成功 LM2500 燃气轮机,该燃气轮机已成为公司当前舰船推进业务的支柱。20 世纪 80 年代,公司推出了基于 F404 航空发动机的 LM1600 燃气轮机,目前已停产。1986 年,公司开始交付首台舰船推进型 LM500 燃气轮机。1992 年,公司开始交付基于 CF6-80C2 航空发动机的 LM6000 燃气轮机。20 世纪 90 年代,公司推出了 LM2500、LM1600、LM6000 燃气轮机经改进的低排放型。1997 年,公司在 LM2500 燃气轮机的基础上研制成功功率增大型 LM2500+燃气轮机。2008 年,公司推出了 LM2500 燃气轮机的最新改型 LM2500+G4 燃气轮机。截至 2018 年初,公司售出燃气轮机共计 1 431 台。燃气轮机产品凭借大量继承航空发动机成熟和先进技术、系列化发展等优势,广泛应用于舰船推进和舰船发电等领域。

2. 组织机构

截至 2018 年初,事业部拥有 9 个分部,它们分别是产品及采购部、民用发动机分部、发动机服务分部、商务计划及市场发展部、军用发动机分部、工程分部、财务和信息系统及商务发展部、法律事务部、人力资源部。发动机基础技术研究依靠通用电气公司遍布全球的 9 个研发中心开展,事业部的产品研发部门负责航空发动机和燃气轮机的产品研制。

通用电气公司的 9 个研发中心是跨集团、跨研究领域的研发机构,为各事业部提供研究、工程研制和采购服务。全球研发中心总部位于纽约,3 个在美国,本土外设立印度班加罗尔、中国上海、德国慕尼黑、巴西里约热内卢、以色列提拉特卡梅尔、沙特阿拉伯达兰 6 个研发中心。总部主要负责新技术、新材料等基础研发,但不涉及具体产品研发。其余 8 个研发中心还承担协助开发地区市场、提供售后服务等职能,是研发中心总部和业务集团研制部门之间的桥梁。除了 9 个研发中心,通用电气公司还拥有 206 个产品研发部门,它们一般设在产品生产厂附近,研究人员大致在几十人到数百人之间,重点放在应用研究方面。

在燃气轮机生产、服务与维修方面,事业部位于俄亥俄州埃文代尔的工厂负责 LM6000 和 LM2500 燃气轮机总装。新西兰燃气轮机工厂、日本石川岛播磨重工业株式会社、德国发动机及涡轮机联盟腓德烈斯哈芬股份有限公司、西班牙涡轮发动机工业公司、印度斯坦航空有限公司、韩国三星集团是经事业部授权的舰船燃气轮机维修厂;在加利福尼亚州的西南舰队准备中心设有海军舰船燃气轮机维修厂;同时,事业部还拥有位于意大利的通用电气公司海事阿维奥维修厂和位于美国得克萨斯州休斯敦的通用电气公司维修厂。

3. 竞争策略

通用电气公司依靠遍布全球的 9 个研发中心和 206 个产品研发部门,积累了丰富的航空发动机基础技术和工程研制经验,确保了航空发动机和燃气轮机产品的优异性能。与航空部门紧密结合,大量继承航空发动机成熟先进的技术,是研制出先进可靠燃气轮机的基础。另外,重视新技术、新产品研制、永远保持技术领先,是通用电气公司始终坚持的发展方针。

燃气轮机持续升级改进,系列化发展。由于研制燃气轮机的难度大,通常在一型成功的燃气轮机基础上不断地升级改进,提高性能,其中以 LM2500 系列最为典型(包括 LM2500+、LM2500+G4),燃气轮机的功率和效率不断增大与提高。这条系列化研制路径,使燃气轮机的设计和生产难度降低,研制周期缩短,可靠性提高。

LM500 燃气轮机

1. 一般情况

主制造商　美国 GE Aviation Business Division;
　　　　　　日本 IHI Corp.(许可生产商)。

供 应 商　韩国 Hanwha Aerospace(舰船燃气轮机部件)。

结构形式　简单循环、双轴航改燃气轮机。

功率等级　4~5 MW。

现 　 状　生产。

产 　 量　截至 2020 年初,已生产约 193 台(舰船型和工业型分别为 170 台
　　　　　和 23 台)。

价 　 格　舰船型为 350 万美元(2020 年),工业型为 250 万美元(2020 年)。

应用领域　舰船型燃气轮机主要用于小型舰船推进和舰船应急发电。少量工
　　　　　业型燃气轮机用于发电和应急电源,多数用于燃气压缩和管线增
　　　　　压领域的机械驱动。

竞争机型　在舰船型燃气轮机领域,竞争机型主要是曙光机械设计科研生产
　　　　　联合体的 UGT-6000 燃气轮机、罗尔斯·罗伊斯公司的 RR-4500
　　　　　和 MT5 燃气轮机。在工业型燃气轮机领域,竞争机型主要是索拉
　　　　　涡轮公司的燃气轮机系列、曙光机械设计科研生产联合体的
　　　　　UGT-6000 燃气轮机。

2. 研制历程

LM500 燃气轮机于 1978 年 7 月开始研制,首台工业型燃气轮机于 1981 年交付,具体研制历程如下表所列。

LM500 燃气轮机研制历程

时　间	研 制 里 程 碑
1978 年 7 月	开始基于 TF34 航空发动机研制 LM500 燃气轮机
1980 年 1 月	在意大利都灵开始系统验证和进行耐久性试验
1981 年	开始在澳大利亚埃索公司的萨莱炼油厂安装首台工业型燃气轮机
1984 年	开始对 LM500 燃气轮机进行升级
1986 年	开始向丹麦海军交付首台舰船型燃气轮机
1987 年	开始向美国罗氏公司交付工业型燃气轮机
1999 年	首次配装于在中国香港营运的两艘福利卡特号高速商用渡船
2001 年	开始将 LM500 燃气轮机用作日本海军隼鸟级巡逻艇的驱动系统
2004 年 8 月	完成工业发展型测试试验
2005 年 1 月	完成工业发展型机组调试

续　表

时　间	研 制 里 程 碑
2005 年 1 月	开始首次进行 LM500 燃气轮机用作舰船综合电力系统的满载荷试验
2005 年末期	开始进行 LM500 燃气轮机满载荷测试
2008 年	开始向韩国三星泰科式会社供应 LM500 燃气轮机,用于驱动属于海军高速巡逻艇计划第二阶段的海军犬鹫级导弹巡逻艇
2008 年	开始向韩国提供用于驱动尹永夏级导弹巡逻艇的 LM500 燃气轮机
2009 年	开始向日本日向(Hyuga)号战列舰提供用于辅助发电装置的 LM500 燃气轮机
2010 年	开始将工业发展型交付美国罗氏公司
2011 年 10 月	开始为日本海上自卫队新的采用综合电力系统的 22DDH 直升机母舰提供 LM500 燃气轮机发电机组
2014 年	开始向日本萨摩级战列舰提供用于辅助发电装置的 LM500 燃气轮机
2016 年	开始向韩国提供用于驱动尹永夏级 B 型导弹巡逻艇的 LM500 燃气轮机

3. 结构和性能

1) 结构特点

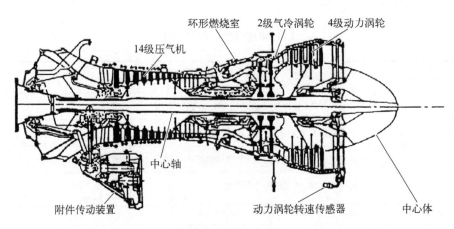

LM500 燃气轮机结构

(1) 进气装置:引导空气进入压气机,还用作燃气轮机前支承。

(2) 压气机:14 级轴流式,前 5 级静子叶片可调,转子叶片和静子叶片的材料为带有防腐涂层的合金。

(3) 燃烧室:环形,有 18 个可替换喷嘴,空气通过头部的旋流器进入燃烧室。

(4) 涡轮:高压涡轮为两级气冷式,第 1~2 级工作叶片为内部气冷式,分别喷涂 RT22 和 CODEP 涂层,工作叶片和导向叶片的材料为 Rene 80/125;动力涡轮为 4 级,工作叶片叶尖带冠,材料为 Rene 77,第 1 级喷涂 CODEP 涂层;导向叶片材料为 Rene 77,第 1~2 级喷涂 CODEP 涂层。

（5）附件传动系统：滑油系统用于润滑和冷却主轴承。

2）性能参数

LM500 燃气轮机的主要参数

参　数	舰　船　型	工　业　型
功率/MW	4.5	4.6
压比	14.5	14.5
耗油率/[kg/(kW·h)]	0.269	0.269
质量流量/(kg/s)	16.4	16.4
排气温度/℃	565	565
输出转速/(r/min)	7 000	7 000

舰船型 LM500 的尺寸和重量

参　数	舰　船　型	工　业　型
长度/mm	3 650	1 650
宽度/mm	1 650	1 650
高度/mm	1 650	1 650
重量/kg	2 779	2 779
进气口面积/m²	1.12	1.12
排气口面积/m²	0.65	0.65

LM2500 舰船型燃气轮机

1. 一般情况

主制造商　美国 GE Aviation Business Division(主制造商)；

　　　　　　意大利 Avio Aero(许可生产商)；

　　　　　　日本 IHI Corp.(许可生产商)。

供 应 商	意大利 Altair Clean Air Technology(声学设备);
	美国 Arconic Engines, Winsted Operations(发电机部件);
	德国 BHS Getriebe GmbH, Voith(组合式并联轴和行星齿轮);
	美国 Environmental Elements Corp.(空气过滤和声学系统);
	英国 Industrial Acoustics Co. Inc.(消声系统);
	瑞士 Maag Gear Co. Ltd.(柴燃联合推进齿轮箱);
	美国 Philadelphia Gear Corp.(同步式主推进联轴器);
	英国 VT Group plc.(控制系统);
	美国 Westech Gear Corp.(舰船推进传动装置)。

结构形式 轴流、双轴航改舰船燃气轮机。

功率等级 25~36 MW。

现　　状 生产。

产　　量 截至 2020 年初,已生产和安装超过 1 300 台。

改进改型 LM2500+　LM2500 基本型的功率增大型。

　　　　　 LM2500+G4　LM2500 系列的最新改型。

价　　格 850~1 200 万美元(2020 年)。

应用领域 主要用于护卫舰和驱逐舰推进,少量用于商业船推进。

竞争机型 竞争机型为罗尔斯·罗伊斯公司的 MT30 燃气轮机和曙光机械设计科研生产联合体的 UGT-25000 燃气轮机。

2. 研制历程

LM2500 舰船型燃气轮机于 1967 年开始研制,1969 年 12 月,首次投入使用,具体研制历程如下表所列。

LM2500 舰船型燃气轮机研制历程

时　间	研 制 里 程 碑
1967 年	开始基于 TF39 航空发动机研制 LM2500 舰船燃气轮机
1969 年第 1 季度	按美国海军合同生产出第 1 台样机
1969 年 12 月	在美国海军卡拉汉号货船上投入使用,开始为其提供动力
1971 年 1 月	获得斯普鲁恩斯级驱逐舰推进系统订单
1975 年 7 月	首次将 LM2500 安装在美国海军斯普鲁恩斯级驱逐舰上
1983 年	开始提供功率增大型 LM2500 燃气轮机
1993 年 7 月	首次将 LM2500 安装于意大利的圭佐号商用高速渡轮上

续　表

时　间	研制里程碑
1994 年 1 月	正式开始 LM2500+燃气轮机研制计划
1997 年 6 月	交付首台应用型 LM2500+燃气轮机
1998 年 5 月	签订了 12 台 LM2500+燃气轮机订单
1999 年	将 LM2500 首次用于采用舰船柴燃联合动力方式的推进系统(德国 F－124 级护卫舰)
2001 年第 2~3 季度	为横跨大西洋的玛丽皇后 2 号邮轮提供 LM2500 燃气轮机
2001 年 10 月	为挪威海军 F310 级护卫舰提供 LM2500 燃气轮机
2002 年 12 月	获得将 LM2500+燃气轮机用作美国海军第 8 艘黄蜂级多功能两栖攻击舰推进系统的订单
2003 年 8 月	为美国海军铝合金高速双体船提供 LM2500 燃气轮机
2004 年 9 月	启动 LM2500+G4 燃气轮机研制计划
2005 年 9 月	对外宣称 LM2500+G4 燃气轮机达到预期的可用性
2006 年 3 月	取得有关 LM2500+燃气轮机的美国船级社证书,具备为美国海军濒海战斗舰提供动力的资格
2006 年末	完成 LM2500+G4 燃气轮机的大功率验证试验,试验时输出功率可达 35.7 MW
2008 年 9 月	向法国舰艇建造局交付首台 LM2500+G4 模块
2015 年 8 月	宣称 LM2500 系列燃气轮机总运行时数达到 7 500 万小时的里程碑记录
2018 年 4 月	成功完成 LM2500 燃气轮机采用新型轻质量复合材料箱装体的试验
2020 年 6 月	为美国圣塔芭芭拉号濒海战斗舰提供首台采用新的轻型复合材料模块的 LM2500 燃气轮机

3. 结构和性能

1) 结构特点

(1) 进气装置:由喇叭形进气口和整流锥组成,喇叭口装有压气机清洗喷嘴。

(2) 压气机:16 级轴流式。转子为 3 个单盘和 3 个盘鼓的一体式结构。第 1~6 级静子叶片可调,由燃油压力控制。燃油压力由压气机的换算转速和增压比决定,可从压气机引气口抽取压缩空气进行燃气轮机冷却。转子和静子由钛合金和镍基合金制成。第 1~14 级转子叶片和第 1~2 级静子叶片由 TC4 制成;第 15~16 级转子叶片和第 3~16 级静子叶片的材料为 GH2132,第 11~13 级转子材料为 In718。压气机前、后机匣材料分别为 17－4 PH 和 In718。

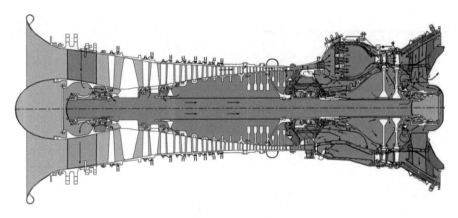

LM2500+燃气轮机结构

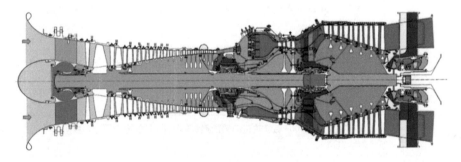

LM2500+G4 燃气轮机结构

　　LM2500+压气机前增加零级,空气流量增大约 20%。利用 CF6－80C2 航空发动机技术重新设计了第 1 级宽弦转子叶片,取消了叶中阻尼凸肩。第 2~3 级转子叶片采用了 CF6－80C2 的叶型设计。除此之外,还新设计了进口导向叶片。

　　(3) 燃烧室:环形,由整流罩组件、火焰筒头部、火焰筒内壁和外壁组成。独立的旋流器内安装有 30 个燃油喷嘴,旋流器可从外部更换;火焰筒壁为气膜冷却,材料为 Hastelloy X 和 Haynes 188;过渡段由 In718、Rene 41 和 Hastelloy X 制成;有 2 个点火器,可将 15 V、60 Hz 的交流电转换成高压电用于燃气轮机点火。

　　(4) 涡轮:高压涡轮为 2 级轴流式。工作叶片利用压气机引气冷却,冷却空气从涡轮工作叶片的枞树形榫头和叶柄进入涡轮工作叶片。第 1 级工作叶片采用内部对流、冲击和外部气膜冷却;第 2 级工作叶片采用对流冷却,所有冷却空气均由叶尖排出。2 级涡轮导向叶片均采用对流和冲击冷却,并喷涂防氧化、防锈蚀和防腐蚀的涂层,第 1 级导向叶片还采用气膜冷却。2 级涡轮工作叶片和第 2 级导向叶片采用 Rene 80 精密铸造,第 1 级导向叶片的材料为 X－40,机匣的材料为 In718、Rene 41、Hastelloy X 和 Haynes 188。

　　LM2500+高压涡轮重新设计了工作叶片和导向叶片,降低了维修费用。另外,为提高抗氧化性能,它还使用了新材料,并按更大流量要求对第 1 级和第 2 级全气冷高压涡轮工作叶片进行优化。

动力涡轮为 6 级轴流式,所有 6 级工作叶片都有锯齿形叶冠,以减少振动,并通过燕尾形榫头与盘的燕尾槽相配合。机匣为对开式。第 1 级涡轮导向叶片是涡轮中间承力框架的组成部分;第 2~6 级涡轮导向叶片的每级都为 6 个,第 1~3 级导向叶片由 Rene 77 精密铸造,第 4~6 级导向叶片的材料为 Rene 41,机匣的材料为 In718,工作叶片的材料为 Rene 77,盘的材料为 In718。涡轮后框架构成动力涡轮排气流道,并支承着动力涡轮后端和挠性联轴器的前端。

重新设计 LM2500+动力涡轮,以增大功率。为提高气动效率,优化了第 1 级和第 6 级工作叶片,还加强了转子,以适应扭矩的提高。

LM2500+G4 动力涡轮有两种结构:第 1 种为 6 级结构;第 2 种为 2 级结构。

(5)附件传动系统:燃油系统由 1 个离心/容积式燃油泵、1 个高压燃油过滤器、1 个燃油控制器、2 个燃油截止阀及泄放阀、1 个燃油增压阀、1 个燃油总管和 30 个复式燃油喷嘴构成。

传动装置主要由进口齿轮箱、径向传动轴和传输齿轮箱等部件组成。进口齿轮箱在前框架毂内,中央传动杆在前框架的六点钟方向的支板内,附件机匣在前框架下方。附件机匣上装有起动机、燃油泵、过滤器、主燃油控制器、滑油供油泵、回油泵、油/气分离器。

(6)控制系统:使用燃油作为伺服油的机械液压式。燃油控制装置为旁通式,过量的燃油通过它被旁通返回到高压泵。旁通阀确保流过燃油调节阀的燃油压差恒定,燃油流量直接与主燃油阀的开度成正比。在加速和减速期间,燃油控制装置检测燃气发生器转速、压气机出口压力和压气机进口温度,调节并设定燃油稳态和瞬态流量,保持设定转速,防止在加速和减速时超温或压气机喘振。控制装置不控制输出转速,输出转速根据载荷随动。燃油控制装置也根据燃气发生器的转速和压气机的进口温度调节压气机的可调静子叶片,以在所有工作转速下保证压气机效率和喘振裕度。

2)性能参数

舰船型 LM2500 的主要参数

参　　数	LM2500	LM2500+	LM2500+G4
功率/MW	25.1	30.2	35.3
效率/%	37	39	39.3
压比	19.3	22.2	24.0

参　数	LM2500	LM2500+	LM2500+G4
热耗率/[kJ/(kW·h)]	9 847.6	9 362.4	9 286.3
耗油率/[kg/(kW·h)]	0.23	0.219	0.216
质量流量/(kg/s)	70.4	85.8	92.9
排气温度/℃	566	518	549
输出转速/(r/min)	3 600	3 600	3 600(6 级型)/ 6 100(2 级型)

注:进气温度为 15℃,海平面,相对湿度为 60%,无进、排气损失,液态燃油,低热值为 42 761 kJ/kg。

舰船型 LM2500 的尺寸和重量

参　数	数　值
长度(LM2500)/mm	6 520
长度(LM2500+、+G4)/mm	6 700
高度/mm	2 040
重量(LM2500)/kg	4 672

通用电气公司油气事业部

1. 概况

通用电气公司油气事业部是行业领先的为全球石油天然气行业提供先进技术设备和服务的供应商,在美国休斯敦和英国伦敦设立两个总部。1892 年,通用电气公司正式成立;1994 年,以收购新比隆公司内燃机、压缩机等设备为切入点进入油气装备及服务领域;2005 年,成立油气事业部;2007 年,收购油田装备设计研发和工程服务公司——桑德斯公司;2009 年收购海德里尔公司的压力控制业务;2010 年,收购钻井设备制造商维克托-葛瑞公司、英国深海柔性立管制造及服务商油井采出液公司、美国阀门制造商德莱赛兰公司;2011 年,收购英国约翰伍德集团的油井服务部门,把生产和服务领域扩展到电潜泵、井口压力控制系统;2016 年,与全球第三大油服公司贝克休斯组建合伙企业通用电气贝克休斯有限公司,成为仅次于斯伦贝谢公司的世界第二大石油工程技术服务公司。

事业部生产的燃气轮机采用了标准化设计和模块化组装技术,交付和安装周期分别缩减至 36 周和 8 周;火焰筒采用了增材制造技术,提高了产品交付效率,降低了制造成本等。

事业部业务范围涵盖油气行业从上游到下游的所有领域,包括钻井与生产、液化天然气、石油天然气管线、储气库、工业发电、炼油和石油化工等。燃气轮机主要产品有 NovaLT5、NovaLT12、NovaLT16、LM6000、LMS100、LM9000、PGT25、PGT25+、PGT25 + G4、PGT25 + G5、MS5001PA、MS5002C、MS5002D、MS5002E、MS6001B、MS7001EA、MS9001E 等。MS5001/MS5002 燃气轮机于 1957 年首次投放市场;NovaLT5 是 GE－5 燃气轮机的技术改进型,并融入了最新型 NovaLT16 燃气轮机的先进技术,于 2017 年开始交付;NovaLT16 燃气轮机于 2014 年投放市场;NovaLT12 燃气轮机于 2017 年研制成功。燃气轮机产品凭借高效率、高可靠性、轻质量、小体积、大功率密度、广泛的燃料适应性、低排放、快速安装和简易化维修等技术优势,广泛应用于工业发电、机械驱动和管线增压等领域。

2. 组织机构

事业部下设油田服务部、涡轮机械和工艺处理部、战略与商务开发部、信息部、人力部、法务部、财务部、事务部、数字化解决方案部、油田设备部、区域和联盟以及企业销售部、安全和质量部。其中,涡轮机械和工艺处理部负责管理制造与服务设施,为油气部门和工业部门提供机械驱动、管线增压、发电和油气电等传输解决方案;战略与商务开发部负责引领事业部的长期增长战略,包括并购、能源转型和战略规划等;数字化解决方案部负责为状态监控、传感、控制系统和网络安全以及工业检测提供数字化解决方案;区域和联盟以及企业销售部通过在世界各地建立良好的客户关系和战略伙伴关系,来识别和实现增长机会。

3. 竞争策略

一是抓住发展中国家制造业转型升级的契机,利用自身技术优势,提升在当地的影响力。利用自身技术水平较高的优势,与印度、印度尼西亚、阿尔及利亚、哈萨克斯坦等多个国家签订了在油气领域合资合作的协议,将触角延伸到多个国家的油气领域。二是以高端制造和材料科学作为强大后盾,利用通用电气公司商城推动知识跨界转移,实现工业板块协同快速发展。在材料学上的积累和在制造业市场上的巨大影响力,成就了其航空发动机领域的霸主地位。公司将制造领域的专业经验和六西格玛方法相结合,在控制和优化生产过程方面成为行业追求的标杆。这正是其进军石油工程装备制造及服务领域的强大后盾,是其一切行动的底气。在这种机制的作用下,多种材料实现了跨行业应用,碳纤维增强复合材料最初是为航空发动机风扇叶片而研制的,现在已经在发电、油气等多个行业应用。三是洞察行业发展趋势,利用娴熟的资本运作手段,开展收/并购。1994 年,公司并购意大利新比隆公司,进入油气装备及服务领域。2016 年,公司与意大利贝克休斯公司合并,成为仅次于美国斯伦贝谢公司的世界第二大石油工程技术服务公司。

NovaLT5

1. 一般情况

主制造商　意大利 Nuovo Pignone SpA(1970~1994 年);

美国 GE Oil&Gas Business Division(1994 年至今)。

供 应 商　英国 Allen Gears(齿轮箱)。

结构形式　轴流式、单轴或双轴工业燃气轮机。

功率等级　5~6 MW。

现　　状　生产。

产　　量　截至 2020 年,已生产和安装燃气轮机共计 116 台(其中 GE－5/PGT5 共 96 台,NovaLT5 共 20 台)。

改进改型　NovaLT5　GE－5 燃气轮机的技术改进型,并借鉴了最新型NovaLT16 燃气轮机的先进技术,分为 NovaLT5－1 单轴型和

NovaLT5－2 双轴型。

PGT5 单轴/双轴燃气轮机,主要用于油气管线泵驱动和压缩。

GE－5/1 在 PGT5 燃气轮机基础上研制的单轴发电和机械驱动用燃气轮机,新设计了干低排放系统,满足了当时和后续的排放要求。

GE－5/2 双轴燃气轮机,其压气机、燃烧室、单级高压涡轮和控制系统与 GE－5/1 燃气轮机通用。

价　　格 发电型燃气轮机约为 250 万美元(2019 年);机械驱动型燃气轮机约为 303 万美元(2019 年)。

应用领域 发电、机械驱动。

竞争机型 在发电领域,竞争机型为川崎重工业株式会社的 M7A－01/－01 干低排放型燃气轮机、西门子能源公司的 SGT－100 和 SGT－A05 燃气轮机以及索拉涡轮公司的 Taurus 60 燃气轮机。

在机械驱动领域,竞争机型为西门子能源公司的 SGT－A05 燃气轮机、索拉涡轮公司的 Taurus 60 燃气轮机。

2. 研制历程

NovaLT5 燃气轮机于 2015 年 7 月研制成功,2017 年开始交付,具体研制概况如下表所列。

NovaLT5 燃气轮机研制历程

时　间	研 制 里 程 碑
1970 年	意大利新比隆公司开始研制 PGT5 燃气轮机
1972 年	新比隆公司宣布研制成功 PGT5 燃气轮机(单轴)
1994 年	通用电气公司并购意大利新比隆公司
1999 年	通用电气公司在 PGT5 燃气轮机基础上,成功研制 GE－5/1 燃气轮机
2003 年 5 月	在 2003 年欧洲动力-发电年会上宣布研制成功 GE－5/2 燃气轮机
2008 年 2 月	GE－5/2 燃气轮机开始采用干低排放燃烧技术
2015 年 7 月	在 GE－5 燃气轮机基础上研制成功 NovaLT5
2016 年	获得 NovaLT5 燃气轮机首个订单
2016 年	中航世新燃气轮机股份有限公司接收首批 20 台成套用 NovaLT5 燃气轮机,并陆续交付最终用户
2017 年	开始交付首台 NovaLT5 燃气轮机

3．结构和性能

1）结构特点

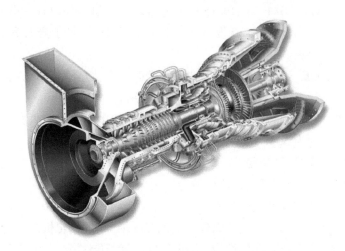

NovaLT5 燃气轮机剖视图

（1）压气机：11 级轴流式。前 3 级静子叶片可调,在部分载荷工作状态下,可调整排出的燃气温度,提高机组效率。

（2）燃烧室：环形,材料为耐腐蚀、耐高温镍基合金,有 18 个燃油喷嘴,采用预混干低排放燃烧技术。每个燃油喷嘴包括一对旋流器,可优化燃油混合,提高火焰稳定性,实现清洁燃烧,并采用高能火花塞点火。

（3）涡轮：单轴型有 2 级涡轮,第 1 级工作叶片带内部冷却;双轴型有 1 级涡轮和 2 级动力涡轮。

（4）附件传动系统：燃料系统可使用天然气和液态燃料,并且具备从一种燃料切换到另一种燃料的能力。

（5）控制系统：全权限数字控制系统,燃气轮机可与远程监控和诊断系统相连。

2）性能参数

NovaLT5‑1 燃气轮机的主要参数

参　　数	数　　值
功率/MW	5.5
效率/%	29.4
排气温度/℃	580
输出转速/(r/min)	16 630

续　表

参　　数	数　　值
NO$_x$ 排放/ppm	15
热端部件大修间隔时间/h	24 000
大修间隔时间/h	48 000

NovaLT5 – 1 燃气轮机的尺寸和重量

参　　数	数　　值
长度/mm	6 100
宽度/mm	2 400
高度/mm	3 000
重量/kg	65 000

NovaLT12/16

1. 一般情况

主制造商　美国 GE Oil&Gas Business Division。

结构形式　简单循环、双轴工业燃气轮机。

功率等级　NovaLT12 的功率为 12~13 MW；NovaLT16 的功率为 17~18 MW。

现　　状　生产。

产　　量　截至 2020 年初，NovaLT12 和 NovaLT16 共获得 7 台订单。

价　　格　NovaLT12 约 550 万美元(2018 年)，NovaLT16 约 740 万美元(2018 年)。

应用领域　发电、机械驱动。

竞争机型　NovaLT12 的竞争对手有"曼"能源解决方案公司的 THM 1304 系列燃气轮机、索拉涡轮公司的 Mars 100 燃气轮机、曙光机械设计科研生产联合体的 UGT – 1000 燃气轮机。NovaLT16 燃气轮机的竞争对手为曙光机械设计科研生产联合体的 UGT – 15000 和 UGT – 16000 燃气轮机。

2. 研制历程

NovaLT16 燃气轮机于 2011 年早期开始研制，2014 年投放市场；NovaLT12 燃气轮机于 2017 年研制成功；具体研制概况如下表所列。

NovaLT12/16 燃气轮机研制历程

时　间	研 制 里 程 碑
2011 年早期	与加拿大横加公司合作研制 NovaLT16 燃气轮机
2014 年 9 月	研制成功 NovaLT16 燃气轮机,共耗资 3 亿美元
2016 年 1 月	与意大利托斯卡纳地区政府签署一份备忘录,投资 8 亿美元扩建 NovaLT16 燃气轮机生产线
2016 年	开始采用 3D 打印技术制造 NovaLT12 燃气轮机火焰筒
2017 年 3 月	在事业部年会上宣布研制成功 NovaLT12 燃气轮机
2017 年 5 月	获得意大利跨国公司卢卡特集团两台热电联供用 NovaLT12 燃气轮机的订单
2018 年 5 月	向亚太地区售出 7 台 NovaLT12 和 5 台 NovaLT16 燃气轮机
2019 年 2 月	为澳大利亚林肯港项目配置能够以 100%氢气运行的 NovaLT16 燃气轮机发电机组

3. 结构和性能
1)结构特点

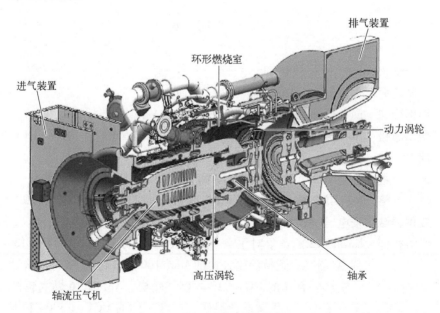

NovaLT16 燃气轮机结构

（1）压气机:采用基于 MS5002E 研制的轴流式压气机,与 MS5002E 相比增加了 1 级,从 11 级变成 12 级,压比由 17 增大到 19;前 3 级静子叶片可调,允许较宽的工作范围和有一定的裕度储备。

（2）燃烧室：环形，基于 GE5（现由 NovaLT5 取代）燃气轮机研制而来，与通用电气公司 LM 航改系列产品一样，有 39 个预混器，每个预混器带有两个反向旋转的离心式喷嘴。

（3）涡轮：两级高压涡轮，使用单晶 N4 材料，第 2 级工作叶片采用内部冷却设计；低压涡轮入口可调。动力涡轮为两级，配置可变几何导向叶片，保证其在全工况范围都能在高效率区工作。

2）性能参数

NovaLT12/16 燃气轮机的主要参数

参　　数	NovaLT12		NovaLT16	
	发电型	机械驱动型	发电型	机械驱动型
功率/MW	12.5	13.0	16.9	17.5
效率/%	35.3	36.8	36.4	37.5
压比	19	19	19	19
排气温度/℃	496	496	495	495
输出转速/(r/min)	4 450~8 900	4 450~8 900	3 900~7 800	3 900~7 800
NO_x 排放/ppm	15	15	15	15
CO 排放/ppm	20	20	20	20

NovaLT12/16 燃气轮机的尺寸和重量

参　　数	NovaLT12		NovaLT16	
	发电型	机械驱动型	发电型	机械驱动型
长度/mm	14 300	8 800	15 600	12 500
宽度/mm	2 500	2 500	3 100	3 100
高度/mm	3 500	3 500	4 100	4 100
重量/kg	44 000	44 000	50 000	50 000

MS5001/MS5002（Model 5000、Frame 5）

1. 一般情况

主制造商　美国 GE Oil&Gas Business Division。

供　应　商　美国 Camfil Far Co.（自动清洗空气进气系统）；

美国 Industrial Acoustics Co. Inc.(共振式排气消声器);

美国 Mee Industries Inc.(喷雾冷却系统);

美国 Parker Aerospace Gas Turbine Fuel Systems Division(流量管理系统);

美国 Petrotech Inc.(顺序控制和保护系统);

美国 Sermatech Power Solutions(Sermaloy J 型扩散涂层);

美国 Triconex Systems Inc.(控制系统);

美国 Unison Industries(励磁器)。

结构形式 简单循环、轴流式单轴或双轴工业燃气轮机。

功率等级 25~33 MW。

现　　状 生产。

产　　量 截至 2018 年初,已生产和安装 3 195 台。

改进改型 MS5001R 和 MS5001RN　回热循环型。

MS5002C　在国际标准环境及燃用天然气条件下的基本载荷功率为 28.3 MW,可利用喷射蒸汽或水降低 NO_x 的排放量。

MS5002D　升级型,在国际标准环境及燃用天然气条件下的基本载荷功率为 32.6 MW,可利用喷射蒸汽或水降低 NO_x 的排放量。

MS5002E　初始用于油气工业的机械驱动,也可用于发电。

MS5002R　回热循环型,用于机械驱动。

价　　格 MS5002C(机械驱动型)为 900 万~920 万美元(2018 年);MS5002D(机械驱动型)为 930 万~950 万美元(2018 年);MS5002E(发电型)为 1 100 万~1 120 万美元(2018 年);MS5002E(机械驱动型)为 940 万~960 万美元(2018 年)。

应用领域 公用事业和工业发电(包括热电联供、联合循环发电)以及机械驱动。

竞争机型 在机械驱动领域,MS5002 的竞争机型为罗尔斯·罗伊斯公司的 RB211 6562、6761 和 6762 燃气轮机,以及通用电气公司的 LM2500+燃气轮机和曙光机械设计科研生产联合体的 UGT-25000 燃气轮机。

在发电领域,MS5001/MS5002 的竞争机型为罗尔斯·罗伊斯公司的 RB211 6762 燃气轮机(干低排放型)、三菱动力株式会社的 MF-221 燃气轮机和西门子能源公司的 SGT-700 燃气轮机。

2. 研制历程

MS5001/MS5002 燃气轮机于 1952 年开始研制,1957 年首次投放市场,具体研制概况如下表所列。

MS5001/MS5002 燃气轮机研制概况

时　间	研制里程碑
1952 年	开始研制 MS5001/MS5002 燃气轮机
1957 年	将 MS5001/MS5002 燃气轮机首次投放市场
1971 年	获得 MS5002 燃气轮机的首台订单
1972 年	获得舰船推进型 MS5001/MS5002 燃气轮机的首台订单
1972 年	MS5001R 燃气轮机投入使用
1981 年	开始升级 MS5001/MS5002 燃气轮机,提高了燃气轮机的性能和可靠性
1986 年 6 月	开始升级 MS5001/MS5002 燃气轮机的压气机,增大了压气机的流量和尺寸
1986 年 10 月	开始升级 MS5001/MS5002 燃气轮机的控制系统,采用新的 Mark Ⅳ 控制系统
1987 年	开始将功率为 28.3 MW 的 MS5002C 燃气轮机投放市场
1998 年	开始将功率增大至 32.6 MW 的 MS5002D 燃气轮机投放市场
2001 年中期	开始研制 MS5002E 燃气轮机
2002 年 9 月	开始将功率为 32 MW 的 MS5002E 燃气轮机投放市场
2006 年	启动 MS5002C 和 MS5002D 燃气轮机粉末冶金开发计划,以增大燃气轮机的功率,延长维护间隔
2009 年 4 月	应用单晶涡轮技术对 MS5002C 和 MS5002D 燃气轮机进行升级改进
2009 年 4 月	在哈萨克斯坦发电厂开始首次安装机械驱动用配置干低排放燃烧系统的 MS5002D 燃气轮机
2012 年	旧款燃气轮机全部升级至 MS5002E 燃气轮机

3. 结构和性能

1）结构特点

（1）进气装置：径向进气,然后转 90° 流入压气机,带过滤系统和消声系统。

（2）压气机：单轴型 MS5001 为 17 级,带有可调进口导向叶片；双轴型 MS5002C 和 MS5002D 分别为 16 级和 17 级,不带可调进口导向叶片。转子由锻造式叶轮组装而成,每个叶轮都单独平衡。转子叶片为宽弦、亚声速设计。进气机匣材料为 A356 可锻铸铁,排气机匣材料为 A312 奥氏体钢,转子叶片和静子叶片的材料为 12%（质量分数）Cr 钢,轮盘材料为 4330 可锻造合金钢。

（3）燃烧室：单轴型为 10 个直径为 254 mm 的单管燃烧室,双轴型为 12 个回流环管式燃烧室。燃烧室装在压气机外面,稍微倾斜。点火器和紫外线火焰探测器安装在 2 个燃烧室内,所有燃烧室通过联焰管相互连接,可燃用单燃料（油或气）

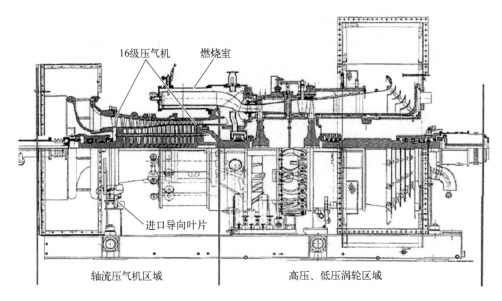

16级压气机　燃烧室

进口导向叶片

轴流压气机区域　　　高压、低压涡轮区域

MS5002C 燃气轮机结构

和双燃料。火焰筒材料为 RA333,过渡段材料为 Hastelloy X。

(4) 涡轮:单轴型为 2 级轴流式,第 1 级导向叶片采用气冷;双轴型为 1 级轴流式,导向叶片可调。机匣材料为 A395 可锻铸铁,轮盘材料为 12%(质量分数)Cr钢,工作叶片材料为 In738,导向叶片材料为 FSX414。MS5002E 高压涡轮为轴流、反作用式,导向叶片和工作叶片采用气冷;低压涡轮为 1 级,与 LM2500+的结构相同。动力涡轮为 1 级,第 1 级导向叶片采用气冷。

(5) 附件传动系统:所有起动和辅助驱动装置安装于前轴上,从进气口段向前延伸;通常由带有转矩变换器的柴油机起动,也可用电动机、汽轮机或膨胀涡轮起动。

(6) 控制系统:从起动到载荷(包括发生故障时的自动停机)等都由固态控制系统控制。

2) 性能参数

MS5001/MS5002 燃气轮机(天然气燃料)的主要参数

参　数	发 电 型		机 械 驱 动 型		
	MS5001	MS5002E	MS5002C	MS5002D	MS5002E
功率/MW	26.8	31.1	28.3	32.6	32.0
效率(低热值)/%	28.4	35.0	28.8	29.4	36.0

参 数	发 电 型		机 械 驱 动 型		
	MS5001	MS5002E	MS5002C	MS5002D	MS5002E
压比	10.5	17.0	8.8	10.8	17.0
热耗率/[kJ/(kW·h)]	12 687	10 285	12 470	12 239	10 000
质量流量/(kg/s)	125.2	102.0	123.4	141.4	102.0
排气温度/℃	483	511	517	509	483
输出转速/(r/min)	5 094	5 714	4 670	4 670	5 714

MS5001/MS5002 燃气轮机(不包括进、排气管)的尺寸和重量

参 数	MS5001	MS5002C/D	MS5002E
长度/mm	11 600	15 000	17 000
宽度/mm	3 200	3 200	3 400
高度/mm	3 700	3 800①	4 000
重量/kg	87 430	110 000①	117 000

注：① 包括附属装置滑道。

通用电气公司电力事业部

1. 概况

通用电气公司电力事业部是通用电气公司下属的全球领先的发电技术和设备、能源服务及系统管理供应商之一,总部位于美国纽约斯克内克塔迪。1892 年,通用电气公司正式成立;2000 年,成立电力事业部并发展至今;2015 年 9 月收购法国阿尔斯通(2000 年阿尔斯通收购阿西布朗勃法瑞公司的发电业务)的电力和电网业务;2016 年收购美国美腾公司,增强了其在精密冷却孔制造技术方面的实力。

燃气轮机压气机借鉴航空发动机技术,全部叶片无须分解转子即可现场更换,叶片采用三维叶型设计和超精密加工技术提高效率;公司开发了干低氮氧化物燃烧系统,采用逆流、分管式设计,可燃用低成本的气体和液体燃料,同时采用了自动燃烧调整技术,确保 NO_x 排放低于 15 ppm;它是世界上首家采用涡轮单晶合金材料的燃气轮机制造商,同时开发了陶瓷基复合材料,叶片采用先进的空气冷却技术;控制系统基于实际数据的模型和实时控制模式,提高了整体性能、运行灵活性和可靠性;采用模块化结构设计和部件预组装技术可以实现快速安装。

事业部业务涉及发电设备(燃气轮机、发电机、内燃机、汽轮机、锅炉、空气质量控制系统、碳捕获与封存解决方案)制造和服务等。燃气轮机产品为 TM2500、LM2500、LM6000、LMS100、6B. 03、6F. 01、6F. 03、GT13E2、7E. 03、7F. 04、7F. 05、7HA. 01/7HA. 02/7HA. 03、9E. 03、9F. 03、9F. 05、9HA. 01/9HA. 02 等。工业燃气轮机的发展始于 20 世纪 40 年代末,借助 J35 航空发动机技术发展起来,第 1 台 MS3002 型机车燃气轮机于 1948 年研制成功,后被用于天然气管线的增压动力。1970 年,首台 Frame 5 燃气轮机在巴林投入使用;同年,研制成功 Frame 7(60 Hz)燃气轮机。1970 年,瑞士阿西布朗勃法瑞公司开发了 GT11(60 Hz)和 GT13(50 Hz)系列燃气轮机;同年,第 1 台 GT11 燃气轮机在加拿大点火。1971 年,首台 7E 级燃气轮机在英国国家电网的肖勒姆燃气发电站投入使用。1972 年,宣布首台 B 级 Frame 7 燃气轮机研制成功,取名为 MS7001B。1975 年,首台 Frame 9B 燃气轮机在法国电力公司完成安装。1978 年,首台 6B 级燃气轮机在美国蒙大拿州投入使用。1987 年,阿西布朗勃法瑞公司生产的首台 GT13E 燃气轮机在荷兰公用事业公司完成安装。1990 年,第 1 台 7F 型燃气轮机在弗吉尼亚电力公司投入使用,之后在 7F 基础上采用一系列的缩比/放大设计,开发出 6F 和 9F 系列燃气轮机。1992 年,阿西布朗勃法瑞公司宣布研制成功 GT13E2 燃气轮机。2003 年,9H 燃气轮机在威尔士投入使用;同年,宣布 Frame 6C(6F. 01 的前身)燃气轮机研制成功。2004 年,首台间冷型 LMS100 燃气轮机在美国南达科他州完成安装。2005 年,Frame 6C(6F. 01)燃气轮机研制成功。2014 年,宣布新型空气冷却型 H 级 9HA(50 Hz)和 7HA(60 Hz)燃气轮机研制成功。2016 年,首台 HA 级燃气轮机在法国电力公司投入使用。2017 年,宣布集成了 H 级和 F 级先进材料技术的 6F. 01 燃气轮机,并在中国桂林首次应用于分布式能源项目。2017 年,7HA. 02 和 7HA. 01 燃气轮机分别在美国和日本首次投入运行。2017 年,研制成功基于 GE90 发动机的 LM9000 燃气轮机。2018 年,双燃料型 7HA. 02 燃气轮机在美国首次投入运行。2019 年,开始将公司单机出力最大的 9HA. 02 燃气轮机运往马来西亚南方电力公司。截至 2019 年 12 月,售出燃气轮机共计 7 700 台。燃气轮机产品凭借可靠性高、可用性好、燃料适用性强等技术优势,广泛应用于联合循环发电、热电联供、分布式能源、低热值应用和煤气化/煤的清洁利用等方面。

2. 组织机构

电力事业部业务部门由天然气发电部、电力投资组合部、蒸汽发电部、通用电气日立核能部组成。天然气发电部整合了公司燃气电力系统和电力服务业务的人才、技术和能力,专注于燃气轮机研制和相关服务,为发电用户提供建造、运营和维护天然气发电厂所需的技术、服务和知识。电力投资组合部专注于蒸汽、电网解决方案、核电以及电力转换业务,负责从发电到客户使用的整个能源价值链的技术、解决方案和服务战略。

3. 竞争策略

电力事业部致力于通过降低碳排放、采用分布式能源技术和数字化辅助手段等提升企业竞争能力。

(1)降低碳排放方面,公司的燃烧专家团队来自通用电气公司的航空事业部、油气事业部和公司的全球研发中心,致力于不断创新燃烧技术和扩大可用燃料种类。同时,在美国南卡罗来纳州的格林维尔和纽约州的尼什卡纳的试验基地建造了先进燃料试验设施,可对任何一种燃料进行研究和试验。从第 1 个干低排放燃烧系统开始,扩散和预混燃烧系统已运行累计超过 3 亿小时,能够使用多种燃料可靠运行。

(2)分布式能源技术是世界能源发展的主要方向之一,它将冷热电系统以小规模、小容量、模块化、分散式的方式布置在用户附近,可独立地输出冷、热、电能。因技术成熟、建设简单、投资较低,并且具有效率高、占地少、污染小、变载荷灵活等优点,天然气冷热电三联供已经在国际上得到迅速推广。

(3)数字化辅助方面,在云计算工业互联网平台的支持下,公司提供整套可由客户自定义的服务及解决方案,通过科学分析历史数据、预测异常、监控资产状态,提高现有发电设备资产价值;通过前瞻性的数据分析、事件管理、每天 24 小时/每周 7 天的诊断支持,预测整个电厂内部的潜在运行问题;根据各类设备资产的风险承受能力和危险临界程度,向客户提出个性化的、有利于其运营经济性的维护优化建议,提高各种资产的整体可靠性和生产利用率。

LM2500 工业燃气轮机

1. 一般情况

主制造商　美国 GE Power Business Division(主制造商);

意大利 Avio Aero(许可生产商);

德国 MTU Aero Engines GmbH(许可生产商)。

供 应 商　意大利 Altair Clean Air Technology(空气过滤系统);

美国 Arconic Engines, Winsted Operations(熔模铸造压气机转子叶片和静子叶片);

美国 Arconic Fastening Systems, Fullerton Operations Plant 1(螺帽);

美国 Arkwin Industries Inc.(可调静子叶片调节器、可调旁通阀调节器);

美国 Arrow Gear Co.(锥齿轮);

德国 BHS Getriebe GmbH, Voith(大功率密度减速齿轮);

美国 Chromalloy Gardena(涂层);

美国 Collins Aerospace Systems, Electric Systems(燃油泵);

美国 Dollinger Corp.(油雾分离器);

美国 Haynes International Inc.(超耐热合金轧制品);

英国 Industrial Acoustics Co. Ltd.(噪声控制、减震系统);

美国 Meggitt Sensing Systems, Endevco(加速计、变换器);

美国 Parker Aerospace Fuel Systems Division(流量管理系统);

澳大利亚 Thales Australia, Armaments&Ammunition(隔音箱装体、底座结构、排气管);

美国 Westech Gear Corp.(舰船推进驱动器)。

结构形式　轴流、双轴航改燃气轮机。

功率等级　发电型为 23~36 MW;机械驱动型为 17~25 MW。

现　　状　生产。

产　　量　截至 2020 年初,已生产和安装工业用 LM2500 燃气轮机超过 2 347 台。

改进改型　LM2500　最初型。

LM2500-20　改进了燃油经济性、减小了额定功率。

LM2500-30　功率增至 22.0 MW 和 23.9 MW。

LM2500STIG　以 LM2500 燃气轮机为基础,加装注蒸汽(Steam Injected Gas Turbine)装置。

TM2500　移动发电机组,功率为 35 MW,安装在两个可移动的拖车上,可以通过陆路、海运和空运到达需要的地方。

PGT25　LM2500 系列燃气轮机的航改燃气发生器配置工业用动力涡轮。

LM2500+　LM2500 系列的改型,转速为 3 600 r/min 的功率为 29.1 MW,转速为 6 100 r/min 的功率为 30.0 MW。

LM2500 HSPT　以 LM2500+燃气发生器为基础,新配置了新比隆公司开发的高速动力涡轮。

LM2500+G4　LM2500 燃气轮机最新改型,增压比从 23.6 提高到 24.2,额定功率达到 34.3 MW。

价　　格　发电用 LM2500+G4 约 1 140 万美元(2020 年);联合循环机组为 2 250 万~2 650 万美元(2020 年)。

应用领域　发电(含联合循环和热电联供)、机械驱动。

竞争机型　在发电和机械驱动领域,竞争机型为西门子能源公司的 SGT-600/700、SGT-A65 TR 燃气轮机、三菱动力航改燃气轮机有限责任公司的 FT8 燃气轮机、三菱动力株式会社的 H-25 燃气轮机以及曙光机械设计科研生产联合体的 UGT-15000 燃气轮机。

2. 研制历程

LM2500 燃气轮机于 1967 年开始设计,首台工业燃气轮机机组于 1979 年投入使用,具体研制概况如下表所列。

LM2500 燃气轮机研制历程

时　间	研　制　里　程　碑
1967 年	开始研制 LM2500 燃气轮机
1969 年	生产出第 1 台 LM2500 燃气轮机样机
1979 年	开始运行首台工业 LM2500 燃气轮机机组
1981 年	开始运行由意大利新比隆公司生产的成套的首台 LM2500 燃气轮机机组
1983 年	在沙特阿拉伯开始运行首台 LM2500 燃气轮机机组

时　　间	研 制 里 程 碑
1983 年	提高功率型 LM2500 燃气轮机机组达标
1987 年中期	开始运行首台蒸汽回注机组
1994 年 6 月	将 LM2500+燃气轮机投放市场
1994 年 12 月	对外发布通用电气新比隆公司新设计的 LM2500+燃气轮机动力涡轮
1996 年第 1 季度	开始试验配置通用电气新比隆公司动力涡轮的 LM2500+燃气轮机
1996 年 6 月	获得首个 LM2500+燃气轮机机组订单
1997 年	开始交付首台 LM2500+燃气轮机机组
2004 年 9 月	启动 LM2500+G4 燃气轮机研制计划
2005 年 9 月	对外宣称 LM2500+G4 燃气轮机达到预期的可用性
2005 年 10 月	增加瑞典沃尔沃宇航公司在 LM2500 燃气轮机项目中分担的工作
2015 年 8 月	LM2500 系列燃气轮机的总运行时数达到 7 500 万小时
2020 年 12 月	欧洲第 1 台干低排放型 LM2500 燃气轮机在德国埃尔福特公共事业公司投入使用
2021 年 4 月	推出功率为 34 MW 的新型 LM2500XPRESS 燃气轮机,助力全球低碳变革

3. 结构和性能

1）结构特点

与 LM2500 舰船型燃气轮机的结构和性能基本一致。

2）性能参数

发电型（60 Hz）LM2500 燃气轮机的主要参数

参　　数	LM2500PE	LM2500PH	LM2500RC	LM2500RD
功率/MW	23.3	27.8	36.3	33.2
效率/%	36.6	40.7	37.2	38.9
压比	19.1	19.4	24.4	23.0
热耗率（低热值）/[kJ/(kW·h)]	9 828	8 853	9 690	9 257
质量流量/(kg/s)	69.0	75.7	97.0	91.0
排气温度/℃	533	494	507	525
输出转速/(r/min)	3 600	3 600	3 600	3 600

发电型（50 Hz）LM2500 燃气轮机的主要参数

参　　数	LM2500PE	LM2500PH	LM2500RC	LM2500RD
功率/MW	22.3	26.5	35.8	32.7
效率/%	35.4	39.3	36.6	38.3
压比	18.0	19.4	24.4	23.0
热耗率（低热值）/[kJ/(kW·h)]	10 161	9 151	9 826	9 391
质量流量/(kg/s)	70	76	97	91
排气温度/℃	538	497	507	525
输出转速/(r/min)	3 000	3 000	3 000	3 000

发电型（50/60 Hz）LM2500 干低排放燃气轮机的主要参数

参　　数	LM2500	LM2500+	LM2500+G4
功率/MW	22.9	31.4	34.1
效率/%	35.7	38.1	38.7
热耗率（低热值）/[kJ/(kW·h)]	10 083	9 452	9 312

机械驱动型 LM2500 燃气轮机的主要参数

参　　数	LM2500PE	LM2500RC	LM2500RD
功率/MW	17.1	25.1	24.9
效率/%	37.5	39.8	39.7
压比	19.5	23.0	23.0
质量流量/(kg/s)	68.9	91.6	91.2
排气温度/℃	524	524	497
输出转速/(r/min)	3 600	3 600	3 600

LM2500 燃气轮机的尺寸和重量

参　　数	发 电 型	机 械 驱 动 型
长度/mm	17 370	10 670
宽度/mm	2 740	2 400

参　　数	发 电 型	机 械 驱 动 型
高度/mm	3 040	3 040
重量/kg	13 340~117 936	53 070

LM6000

1. 一般情况

主制造商　美国 GE Power Business Division(主制造商);

日本 IHI Cor., Mizuho Aero‐Engine Works(许可生产商)。

供 应 商　美国 American Air Filter International(AAF International)(空气过滤系统、蒸发冷却器);

美国 Arconic Power and Propulsion, Winsted Operations(第 1 级压气机转子叶片);

美国 Arkwin Industries Inc.(可调静子叶片调节器);

美国 BASF AG(氧化催化剂);

瑞典 Camfil Industrifilter AB(进气过滤器、隔音箱装体);

印度 Euroflex Transmissions(India) Pvt Ltd.(轮盘联轴器);

美国 Mee Industries Inc.(冷却雾化系统);

美国 Praxair Surface Technologies, Formerly Sermatech(燃烧室热障涂层);

美国 Precision Castparts Corp.(PCC)(涡轮后框架结构铸件);

美国 Stork H&E Turbo Blading Inc.(压气机转子叶片);

美国 The Kahn Co.(功率计);

美国 Vogt Power International Inc.(余热锅炉);

美国 Woodward Inc.(燃油系统)。

结构形式　简单循环、双轴航改工业燃气轮机。

功率等级　发电型燃气轮机的功率为 41~56 MW;机械驱动型燃气轮机的功率为 44 MW。

现　　状　生产。

产　　量　截至 2017 年初,已安装 1 200 台。

改进改型　LM6000PC　利用喷水或喷蒸汽装置降低 NO_x 排放,可用于舰船推进。

LM6000PC Sprint 在 LM6000PC 基础上加装喷雾间冷装置,以增大功率输出。

LM6000PD 加装干低排放燃烧系统,可燃用液体和气体燃料。

LM6000PD Sprint 加装喷雾间冷装置增大功率输出。

LM6000PF 加装喷雾间冷装置和干低排放燃烧系统,功率输出范围为 42~47 MW。

LM6000PG 带有单环形燃烧室和喷雾间冷装置,可用于舰船推进。

LM6000PH 带有干低排放燃烧系统和喷雾间冷装置,功率输出范围为 50~53 MW。

LM6000PF+ 功率输出达 54 MW。

价　　格 简单循环发电装置为 1 800 万~2 200 万美元(2020 年)。

联合循环发电燃气轮机:LM6000PC(1 台燃气轮机)为 3 900 万~4 000 万美元(2020 年);LM6000PD(1 台燃气轮机)为 3 800 万~3 900 万美元(2020 年);LM6000PC(2 台燃气轮机)为 7 100 万~7 300 万美元(2020 年);LM6000PD(2 台燃气轮机)为 7 000 万~7 200 万美元(2020 年)。

应用领域 公用事业和工业发电(包括热电联供和联合循环模式)、机械驱动、舰船推进。

竞争机型 在简单循环发电领域,竞争机型为西门子能源公司的 SGT‑800 和 SGT‑A65 TR 燃气轮机。

2. 研制历程

LM6000 燃气轮机于 1988 年开始设计,于 1992 年 12 月开始商业运行,具体研制概况如下表所列。

LM6000 燃气轮机研制概况

时　　间	研　制　里　程　碑
1988 年第 2 季度	开始 LM6000 燃气轮机方案设计
1990 年 6 月	公布有关 LM6000 燃气轮机装配、额定功率和性能等方面的数据
1992 年	开始交付首台生产型 LM6000 燃气轮机
1992 年 12 月	在加拿大渥太华开始商业运行首台 LM6000 燃气轮机
1993 年 5 月	开始设计 LM6000 燃气轮机干低排放燃烧系统
1994 年第 3 季度	研制成功 LM6000 燃气轮机干低排放燃烧系统
1995 年 5 月	在比利时开始运行首台配置干低排放燃烧系统的 LM6000 燃气轮机

时　　间	研　制　里　程　碑
1995 年 12 月	成功研制 LM6000PC（配置标准环形燃烧室）和 LM6000PD（配置干低排放燃烧室）燃气轮机
1997 年 11 月	在比利时的热电联供发电厂开始商业运行首台 LM6000PC/PD 燃气轮机
1998 年 2 月	开始交付箱装体改进型 LM6000PA/PB 燃气轮机
1998 年 5 月	成功研制配置喷雾间冷系统的 LM6000PC 燃气轮机
1998 年 6 月	在英国南方电力公司开始运行首台配置喷雾间冷系统的 LM6000PC 燃气轮机
1999 年 12 月	成功研制增强的喷雾间冷系统方案（在 LM6000PC 低压压气机进口和高压压气机进口均喷入水雾进行冷却）
2000 年 5 月	将 3 台 50 Hz 的 LM6000PA 燃气轮机转换为 60 Hz
2000 年 11 月	在 LM6000PD 燃气轮机上开展配置喷雾间冷系统的初始试验
2002 年	将 2 台 LM6000 燃气轮机用于机械驱动领域
2003 年 9 月	获得将加拿大 LM6000PA 燃气轮机升级为 LM6000PD 燃气轮机的合同
2004 年 12 月	开展 LM6000 燃气轮机的美国船级社认证试验
2005 年 8 月	完成认证试验中 500 h 发电试验
2009 年 6 月	成功研制配置单环形燃烧室的 LM6000PG 燃气轮机
2010 年 4 月	LM6000PF 燃气轮机产品融入"绿色创想"项目
2010 年 9 月	成功研制配置干低排放型燃烧室的 LM6000PH 燃气轮机
2015 年 4 月	LM6000 燃气轮机通过英国劳氏船级社的海军舰船推进标准
2015 年 6 月	LM6000PD 喷雾间冷型燃气轮机荣获美国能源部"能源之星"称号
2015 年 9 月	成功研制 LM6000PF+燃气轮机
2017 年 11 月	在加拿大安装世界首例 LM6000 混合发电燃气轮机系统，可以根据电网需求从电池供电切换到燃气轮机供电

3. 结构和性能

1）结构特点

（1）进气装置：标准型为径向进气。

（2）压气机：低压压气机基于 LM5000/CF6 - 50 部件研制而成，为 5 级轴流式，带有可调进口导向叶片，机匣对开，转子叶片可单独更换；高压压气机与 CF6 - 80C2 发动机通用，为 14 级轴流式，有进口导向叶片，前 5 级静子叶片可调，出口导向叶片每 5 片或 6 片铸成一组。机匣材料为离心铸造钛合金，第 1~5 级转子叶片

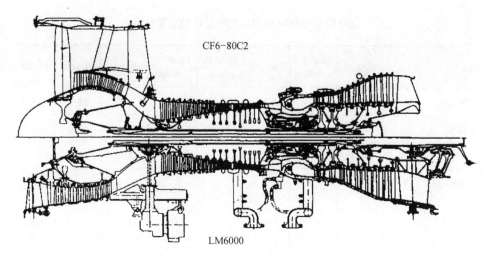

CF6-80C2

LM6000

LM6000 燃气轮机和 CF6-80C2 的部件通用性

材料为钛合金,第 6~14 级转子叶片材料为镍基合金,转子叶片可单独更换。

（3）燃烧室:环形,外部安装 30 个燃油喷嘴、2 个点火电嘴和点火器,可使用天然气、蒸馏油或同时燃用这两种燃料。

（4）涡轮:高压涡轮与 CF6-80C2 发动机通用,为 2 级轴流式,具有可单独更换的导向叶片和工作叶片,导向叶片和工作叶片均为气冷式;轮盘材料为 In718,第 1 级工作叶片材料为 Rene 80,第 2 级工作叶片材料为精铸铬镍铁合金或 Rene 80。低压涡轮与 CF6-80C2 发动机通用,为 5 级轴流式,机匣为整体铸钢机匣,并采用主动间隙控制。

（5）附件传动系统:起动系统为空气涡轮起动机或液压马达。

2）性能参数

发电型 LM6000(50 Hz)燃气轮机的主要参数

参　　数	LM6000PC	LM6000PC Sprint	LM6000PD	LM6000PD Sprint	LM6000PD (液体燃料)	LM6000PF	LM6000PG	LM6000PH
功率/MW	42.9	50.0	41.7	46.9	40.4	42.7	54.1	48.8
效率/%	41.8	40.3	40.8	41.3	40.4	41.0	42.0	42.0
压比	29.2	31.5	29.3	30.9	28.5	29.1	33.2	31.3
热耗率/[kJ/(kW·h)]	8 623	8 927	8 835	8 728	8 918	8 675	8 899	8 779
质量流量/(kg/s)	128.6	136.8	126.7	132.6	123.4	125.0	144.0	138.0
排气温度/℃	436	434	448	445	446	455	460	474

发电型 LM6000(60 Hz)燃气轮机的主要参数

参　　数	LM6000PC	LM6000PC Sprint	LM6000PD	LM6000PD Sprint	LM6000PD (液体燃料)	LM6000PF	LM6000PG	LM6000PH
功率/MW	43.4	50.1	42.2	42.3	46.8	43.0	54.1	49.4
效率/%	42.0	40.5	40.5	41.1	41.4	41.0	42.0	42.0
压比	29.1	31.3	28.1	29.3	30.7	29.3	33.1	31.9
热耗率/[kJ/(kW·h)]	8 559	8 899	8 879	8 766	8 689	8 630	9 017	8 699
质量流量/(kg/s)	127.9	135.6	121.5	126	131.4	126.0	144.0	138.0
排气温度/℃	440	434	458	452	447	451	461	474

机械驱动型和舰船推进型 LM6000 燃气轮机的主要参数

参　　数	机械驱动型	舰船推进型
功率/MW	44.3	42.8
效率/%	42.8	42.0
压比	29.0	28.5
热耗率(低热值)/[kJ/(kW·h)]	6 268	8 570
耗油率/[g/(kW·h)]	—	200
质量流量/(kg/s)	127.9	123.8
排气温度/℃	440	456
输出转速/(r/min)	3 600	3 600

联合循环型 LM6000(50 Hz)燃气轮机的主要参数

参　　数	LM6000PC	LM6000PD	LM6000PC	LM6000PD
发电装置配置	1+1	1+1	2+1	2+1
机组净输出功率/MW	53.5	52.9	107.5	106.0
蒸汽轮机输出功率/MW	11.4	11.8	23.2	23.9
效率(低热值)/%	51.9	52.3	52.1	52.4

发电机组型 LM6000 Sprint(50 Hz 和 60 Hz)燃气轮机的尺寸和重量

参　　数	50 Hz 发电机组型	60 Hz 发电机组型
基座长度/mm	19 690	17 220
基座宽度/mm	4 110	4 110
封装高度/mm	4 420	4 420
总长/mm	19 760	4 110
总宽/mm	15 010	4 110
总高/mm	11 560	4 110
基座重量/kg	234 900	214 200

LM9000

1. 一般情况

主制造商　美国 GE Power Business Division。

结构形式　简单循环、双轴航改工业燃气轮机。

功率等级　65~75 MW。

现　　状　正在生产。

产　　量　尚未有产品。

价　　格　在 2 500 万美元左右(2022 年)。

应用领域　发电、机械驱动。

竞争机型　竞争机型为西门子能源公司的 SGT‑800 燃气轮机和 SGT‑A65 TR 燃气轮机。

2. 研制历程

LM9000 燃气轮机于 2017 年 11 月推出,于 2020 年 4 月完成首台燃气轮机测试,具体研制概况如下表所列。

LM9000 燃气轮机研制历程

时　　间	研　制　里　程　碑
1990 年 1 月	开始研制 LM9000 燃气轮机的母型机 GE90 航空发动机
2003 年 7 月	LM9000 燃气轮机的母型机 GE90‑115B 获得美国联邦航空局和欧洲航空安全局认证

续　表

时　间	研 制 里 程 碑
2017 年 11 月	公布 LM9000 燃气轮机结构和性能参数等信息
2018 年 6 月	获得全球液化天然气服务公司 1 台 LM9000 燃气轮机的订单
2018 年 12 月	获得俄罗斯诺瓦泰克公司北极二期液化天然气项目 20 台 LM9000 燃气轮机的订单
2020 年 4 月	在意大利佛罗伦萨和马萨的先进涡轮机械测试工厂完成了 LM9000 燃气轮机的首台燃气轮机测试

3. 结构和性能

1）结构特点

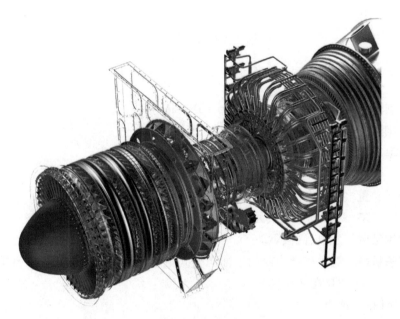

LM9000 燃气轮机结构

（1）压气机：低压压气机 4 级，高压压气机 9 级。

（2）燃烧室：环形，采用已在 LM2500 和 LM6000 燃气轮机上经过充分验证的干低排放 1.5（Dry Low Emission 1.5）技术，具备双燃料能力，降低了 NO_x 和 CO 的排放水平。

（3）涡轮：高压涡轮为 2 级，低压涡轮为单级，动力涡轮为 4 级自由式。

（4）附件传动系统：在不中断运行的情况下，燃料切换系统能够在线将燃料从气体切换到液体再切换到气体。

2）性能参数

发电型和机械驱动型 LM9000 燃气轮机的主要参数

参　　数	发电型（干低排放）	发电型（注水功率增大）	机械驱动型（干低排放）
功率/MW	66.0	75.0	65.0
效率/%	42.4	42.7	43.0
热耗率（低热值）/[kJ/ (kW·h)]	8 501.6	8 442.6	8 501.6
输出转速/(r/min)	3 000/3 600	3 000/3 600	3 000/3 600
NO_x 排放/ppm	15	15	15
CO 排放/ppm	25	25	25
热端部件大修间隔时间/h	36 000	36 000	36 000
大修间隔时间/h	72 000	72 000	72 000

LM9000 燃气轮机的尺寸和重量

参　　数	数　　值
长度/mm	12 500
宽度/mm	5 000
高度/mm	4 500
重量/kg	36 777

GT8/11/13

1. 一般情况

主制造商　瑞士 Asea Brown Boveri Ltd.（1965~2000 年）；

法国 Alstom（2000~2015 年）；

美国 GE Power Business Division（2015 年至今）。

供 应 商　美国 BASF AG（氧化催化剂）；

美国 Coen Co. Inc.（专用燃烧室）；

德国 Deutsche Edelstahlwerke GmbH（铸件）；

德国 G&H Montage GmbH, Gruppe G+H Lsollerung(噪声控制设备);

美国 Hamon Deltak Corp.(余热锅炉);

瑞士 Maag Gear Co. Ltd., A Member of the FLSmidth Group(齿轮箱系统)。

结构形式　单轴、轴流式工业燃气轮机。

功率等级　56~173 MW。

现　　状　生产。

产　　量　截至 2019 年初,已生产 1 085 台。

改进改型　**GT8C(Type 8C)**　GT8 的升级产品,采用了航空发动机的大量气动、冷却、材料技术,已停产。

GT8C2　在 GT8C 基础上升级而成,功率增大为 56.2~56.3 MW,效率为 33.8%~33.9%,联合循环效率超过 50%。

GT9(Type 9)　该系列燃气轮机中最小功率型,功率为 34.5 MW,1988 年初期停产。

GT11(Type 11)　该系列燃气轮机中的中等功率型,额定功率为 72.5 MW,1990 年停产。

GT11N(Type 11N)　GT11 的改进型,集成了多型燃气轮机的先进技术,已停产。

GT11NM(Type 11NM)　在继承了 GT11N 燃气轮机成熟技术的基础上升级而成,额定功率达到 87.9 MW。

GT11N2(Type 11N2)　额定功率为 113.6 MW(50 Hz)和 115.4 MW(60 Hz),主要用于基本载荷发电和联合循环调峰发电。

GT13(Type 13)　主要用于公用事业电站,功率可达 100 MW,已停产。

GT13E(Type 13E)　GT13 的改型,重量比原型增加 57%,体积是原型的 3.34 倍,已停产。

GT13E2(Type 13E2)　GT13E 的升级产品,功率达 172.2 MW(50 Hz),是当时阿尔斯通公司功率最大的产品。

GT13E2M(Type 13E2M)　可作为交钥匙发电工程交付,功率超过 172 MW。

价　　格　GT8C2 为 1 700 万美元(2018 年),GT11N2 为 3 500 万美元(2018 年),GT13E2 为 5 000 万美元(2018 年)。

简单循环发电装置包括燃用单种燃料以及装有底座的燃气轮机整机、发电机、带有基本过滤器和消声器的进气装置、排气装置、起动机和控制装置、传统燃烧系统。

KA8C2 联合循环装置为 9 100 万～9 300 万美元(2018 年),
KA11N2-2 为 1. 54 亿～1. 57 亿美元(2018 年),KA13E2-1 为
1. 29 亿～1. 31 亿美元(2018 年),KA13E2-2 为 1. 95 亿～1. 98 亿
美元(2018 年),KA13E2-3 为 2. 91 亿～2. 93 亿美元(2018 年)。

应用领域　公用事业和工业发电(包括简单循环、热电联供、联合循环、联合循
环热电联供)。

竞争机型　GT13E2M(50 Hz)的竞争机型为通用电气公司的 MS9001 系列燃
气轮机。

2. 研制历程

GT11 燃气轮机由阿西布朗勃法瑞公司于 1965 年开始研制,1969 年投入使用;
GT13 的首台生产型机组于 1967 年开始在法国投入使用;GT8 燃气轮机于 1982 年
开始研制,首台生产型机组于 1984 年底安装在荷兰皇家壳牌集团;2000 年,阿尔斯
通公司收购阿西布朗勃法瑞公司后开始升级 GT13E2 燃气轮机;2015 年,通用电气
公司收购阿尔斯通公司电力业务,并于 2018 年开始改进 GT13E2 燃气轮机;具体
研制概况如下表所列。

GT8/11/13 燃气轮机研制概况

时　间	研制里程碑
1965 年	瑞士阿西布朗勃法瑞公司开始研制 GT11 燃气轮机
1967 年	在法国开始运行首台 42.1 MW 的 GT13 燃气轮机
1969 年	在加拿大开始运行首台 GT11 燃气轮机
1982 年	开始研制 GT8 燃气轮机
1984 年	在荷兰皇家壳牌集团开始运行首台 GT8 燃气轮机
1984 年	在德国杜塞尔多夫的联合循环电厂首次开始运行配置干低排放预混燃烧室的 GT13 燃气轮机
1987 年	在荷兰海姆威格电厂开始运行首台 GT13E 燃气轮机
1991 年末期	将 GT11N2 和 GT13E2 燃气轮机投放市场
1992 年 5 月	获得首台 GT11N2 燃气轮机订单
1993 年 10 月	开始运行首台 GT13E2 燃气轮机
1994 年第 1 季度	在美国肯塔基州开始运行首台 GT11N2 燃气轮机
1997 年	将 GT11NM 燃气轮机投放市场
1997～1998 年	将 GT8C 燃气轮机升级为 GT8C2 燃气轮机

时　间	研 制 里 程 碑
2000 年	法国阿尔斯通公司收购阿西布朗勃法瑞公司
2012 年 6 月	升级 GT13E2 燃气轮机压气机
2014 年 4 月	在中国深圳南天电力有限公司开始运行最新型 GT13E2 燃气轮机
2015 年 11 月	通用电气公司收购阿尔斯通公司电力业务
2018 年 6 月	采用增材制造技术对 GT13E2 燃气轮机进行改造

3. 结构和性能

1）结构特点

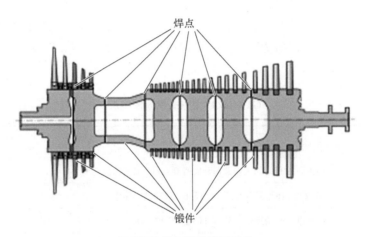

焊点

锻件

GT13E2 燃气轮机转子结构

（1）进气装置：径向进气，旋转 90°后进入压气机。

（2）压气机：单轴。各型的级数分别为：GT8C2 为 12 级，GT11N2 为 14 级，GT13E2 为 21 级。GT8C2 和 GT13E2 只有 1 级进口可调导向叶片，GT11N2 有 3 级进口可调导向叶片。GT8 和 13E 的第 1 级转子叶片为钛合金，其他各级都为 12%铬钢。机匣为对开式。

（3）燃烧室：GT8C2 和 GT11N2 采用顶置水平式燃烧室，GT13E2 采用环形燃烧室，都配置单个火花点火器，采用丙烷火炬点火，可燃用气体或液体燃料；头部可拆卸，便于维修。

（4）涡轮：GT8C2 共 3 级，GT11 N2 共 4 级，GT13E2 共 5 级；转子、叶根、机匣、部分工作叶片和导向叶片为气冷式；热燃气流路零件的外表面喷涂浓缩铬涂层，便于防腐。

（5）附件传动系统：转子由 2 个水平对开的带有巴氏合金内衬的径向轴承支

承,1 个可倾瓦推力轴承安装于压气机轴的前端。

2）性能参数

发电型 GT8/11/13 燃气轮机的主要参数

参　数	GT8C2(50 Hz)	GT8C2(60 Hz)	GT11N2(50 Hz)	GT11N2(60 Hz)	GT13E2
功率/MW	56.3	56.2	113.6	115.4	172.2
效率/%	33.9	33.8	33.1	33.6	36.4
压比	17.6	17.6	15.5	15.5	15.4
热耗率/[kJ/(kW·h)]	10 635	10 654	10 873	10 710	9 892
质量流量/(kg/s)	197	197	399	399	537
排气温度/℃	508	508	531	531	522
输出转速/(r/min)	6 219	6 204	3 600	3 600	3 000

联合循环型燃气轮机的主要参数

参　数	KA8C2-2[1]	KA11N2-2	KA11N2-2	KA13E2-2	KA13E2-3
燃气轮机数量/台	1	2	2	2	3
频率/Hz	50/60	50	60	50	50
发电功率/MW	165.0/163.5	344.8	348.5	507.4	763.2
发电效率/%	50.3/49.9	51.3	51.8	53.0	53.2
热耗率/[kJ/(kW·h)]	7 156/7 213	7 013	6 944	6 789	6 770
NO_x 排放/ppm[2]	≤25	<25	<25	25	25

注：① 第一个参数为 50 Hz 模式,第 2 个参数为 60 Hz 模式;② NO_x 排放修正到 15% O_2、干状态。

GT8/11/13 燃气轮机的尺寸和重量

参　数	GT8C2	GT11N2	GT13E2
长度/mm	11 500	9 500	10 800
宽度/mm	5 300	5 500	6 400
高度/mm	5 000	10 000	5 400
重量/kg	167 000	190 000	330 000

LMS100

1. 一般情况

主制造商　美国 GE Power(主制造商)Business Division;

意大利 Baker Hughes(BHGE)(箱装体)。

供 应 商　美国 Artec Machine Systems(联轴器、同步发电机);

西班牙 Industria de Turbo Propulsores SA(高压涡轮前外部旋转密
封装置);

日本 Sumitomo Corp.(发电机)。

结构形式　三轴、间冷航改燃气轮机。

功率等级　97~104 MW。

现 状　生产。

产 量　截至 2020 年初,已交付 73 台。

改进改型　LMS100PA　利用注蒸汽提高燃气轮机效率和增大功率。用户选
择全部也可以部分注入蒸汽,提高了燃气轮机应用的灵活性。

LMS100PB　采用干低排放燃烧室,无须注蒸汽,功率为 98 MW。

价 格　简单循环发电装置为 3 710 万美元(2019 年)。

应用领域　发电(包括热电联供和联合循环)。

竞争机型　竞争机型为通用电气公司的 MS7000 和 MS9000 燃气轮机以及三
菱动力株式会社的 M501DA 燃气轮机。

2. 研制历程

LMS100 燃气轮机于 2003 年 12 月开始研制,2006 年 7 月投入使用,具体研制
概况如下表所列。

LMS100 燃气轮机研制历程

时 间	研 制 里 程 碑
2003 年 12 月	开始研制 LMS100 燃气轮机
2004 年 5 月	核心机首次试验
2004 年 7 月	首次获得美国北新电力合作集团 1 台 LMS100 燃气轮机的订单
2005 年 11 月	向美国南达科他州的格罗顿电站交付首台标准生产型 LMS100 燃气轮机
2006 年初	将 LMS100PA 燃气轮机投放市场

续 表

时 间	研 制 里 程 碑
2006 年 7 月	在格罗顿电站首次开始运行 LMS100 燃气轮机
2006 年下半年	将 LMS100PB 燃气轮机投放市场
2013 年 11 月	开始在俄罗斯统一电力系统股份有限公司运行 2 台 LMS100PB 燃气轮机,这是该型燃气轮机首次应用于国外发电市场
2014 年 4 月	燃气轮机交付量达到 51 台
2015 年 7 月	获得在美国西南部安装 10 台 LMS100 燃气轮机的订单
2017 年 12 月	获得为孟加拉国供应 1 台 LMS100 燃气轮机的订单
2019 年 2 月	获得为加拿大液化天然气项目供应 4 台 LMS100 燃气轮机的订单

3. 结构和性能

1）结构特点

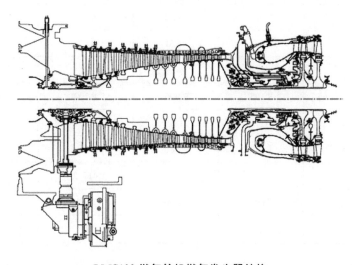

LMS100 燃气轮机燃气发生器结构

（1）压气机：低压压气机共 6 级,衍生于 MS6000FA 重型燃气轮机的前 6 级压气机,改进了部分叶型,压气机后接蜗壳,输送压缩后的空气进入间冷器;高压压气机以 CF6－80C2 航空发动机高压压气机为基础改型设计,为 14 级轴流式。为了适应高达 42 的压比,在母型压气机的基础上改进了叶型和机匣。

（2）间冷器：有空气-空气冷却(气冷,不需要水)和空气-水冷却两种形式,低压压气机出口空气进入间冷器冷却后再进入高压压气机,主要由换热器、管路、波纹膨胀节、水汽分离器和可调放气活门等部件构成。

（3）燃烧室：有两种结构形式，第一种是采用注水或注蒸汽方式控制 NO_x 排放的环形燃烧室，可以燃用气体燃料和液体燃料；第二种是燃用气体燃料的先进干低排放燃烧室。

（4）涡轮：高压涡轮为 2 级轴流式，衍生于 CF6‒80E1 航空发动机，叶片冷却采用气冷；低压涡轮为重新设计的 2 级轴流式，第 1 级导向叶片采用气冷，其他为实心叶片，通过中间轴和弹性联轴器与低压压气机相连；动力涡轮为 5 级轴流式，排气机匣和后端输出轴等均采用重型结构设计。

（5）控制系统：Mark Ⅵ 控制系统。输入/输出系统配置光纤，不受当地电磁或电波频率影响。

2）性能参数

LMS100 燃气轮机的主要参数

参　　数	LMS100PA（喷水,50 Hz）	LMS100PA（喷水,60 Hz）	LMS100PB（干低排放,50 Hz）	LMS100PB（干低排放,60 Hz）
功率/MW	103.2	103.1	97.9	97.7
效率/%	43.9	45.0	43.9	45.0
压比	42	42	42	42
热耗率/[kJ/(kW·h)]	8 196	7 996	8 200	8 009
质量流量/(kg/s)	212.7	212.7	205.5	205.5
涡轮进口温度/℃	1 380	1 380	1 380	1 380
排气温度/℃	416.6	415.5	417.2	416.6
输出转速/(r/min)	3 000	3 600	3 000	3 600
NO_x 排放/ppm	25	25	25	25

LMS100 燃气轮机的尺寸

参　　数	基本配置	配置发电机和间冷系统的成套设备
长度/mm	18 280	39 620
宽度/mm	4 570	21 330
高度/mm	4 570	12 190[①]

注：① 高度不包括可调抽气系统排气管。

MS6001（Model 6000、Frame 6）

1. 一般情况

主制造商　美国 GE Power Business Division（主制造商）；

中国南京汽轮电机（集团）有限责任公司（主制造商）；

印度 Bharat Heavy Electricals Ltd.（BHEL）（许可生产商）。

供 应 商　美国 Air Filter International（AAF International）（进气过滤系统、蒸发冷却器）；

美国 Arconic Power and Propulsion，Winsted Operations（第 1 级压气机转子叶片）；

德国 BHS Getriebe GmbH，Voith（附件齿轮箱）；

美国 Praxair Surface Technologies，Formerly Sermatech（第 2 级涡轮导向叶片 Sermaloy 1504 型涂层）；

美国 Stork H&E Turbo Blading Inc.（压气机转子叶片）；

美国 Vogt Power International Inc.（余热锅炉）；

英国 Wood Group Fuel Systems Ltd.（燃油喷嘴）。

结构形式　简单循环、轴流式单轴工业燃气轮机。

功率等级　42～76 MW。

现　　状　发电型 MS6001B、MS6001C 和 MS6001FA 在生产；机械驱动型 MS6001B 在生产。

产　　量　截至 2020 年初，已安装 1 410 台（1 286 台发电型和 124 台机械驱动型）。此外，南京汽轮电机（集团）有限责任公司还至少生产了 100 台。

改进改型　**MS6001A**　MS6001 系列的初始生产型。

MS6001B　又称 PG6001。与 MS6001A 相比，其在调峰时具有更高的涡轮进口温度和空气质量流量。

MS6001C　基于 MS6001B 的 40 MW 级燃气轮机创新产品。

MS6001FA　MS6001 系列的最大功率型燃气轮机，功率已达 75.9 MW。

MS6001F.01　通过改进各系统和采用先进密封与冷却技术，功率和热耗率分别增大了 10% 和 5%。

价　　格　MS6001B/C（发电型）为 1 500 万美元（2018 年），MS6001FA（发电型）为 2 390 万美元（2018 年），MS6001B（机械驱动型）为 1 990 万美元（2018 年）。

应用领域　公用事业、工业发电（包括以 50 Hz 或 60 Hz 模式运行的热电联供）

和机械驱动。

竞争机型 在发电领域,MS6001B 的竞争机型为西门子能源公司的 SGT - 800;MS6001FA 的竞争机型为西门子能源公司的 SGT5 - 4000F 和通用电气公司的 MS7001EA。在机械驱动领域,MS6001 的竞争机型为通用电气公司的 LM5000PC 和 LM6000PA。

2. 研制历程

MS6001 燃气轮机于 1976 年开始研制,1978 年开始首次运行,具体研制概况如下表所列。

MS6001 系列燃气轮机研制概况

时　间	研 制 里 程 碑
1976 年 1 月	开始研制 MS6001 燃气轮机
1978 年	将 MS6001B 燃气轮机投放市场
1978 年	制造出 3 台原型机并进行了试验
1978 年第 4 季度	MS6001 燃气轮机开始首次运行
1991 年 6 月	获得美国大西洋里奇菲尔德公司 4 台机械驱动用 MS6001B 燃气轮机的订单
1993 年	安装完成首台机械驱动型 MS6001B 燃气轮机
1993 年 5 月	将 MS6001FA 燃气轮机投放市场
1996 年 12 月	MS6001FA 燃气轮机开始首次运行
2002 年 6 月	开始升级 MS6001FA;将 MS6001C 燃气轮机投放市场
2003 年第 2 季度	开始交付升级型 MS6001FA 燃气轮机
2004 年	开始交付 MS6001C 燃气轮机
2005 年 12 月	在土耳其开始运行首台 MS6001C 燃气轮机
2012 年 11 月	将结构简化型和配置新型燃烧系统与热燃气流路的两型 MS6001B 燃气轮机投放市场
2014 年 11 月	将 MS6001C 燃气轮机更名为 MS6001F. 01 燃气轮机
2018 年 12 月	首次确定将 MS6001B 升级至 MS6001F

3. 结构和性能

1) 结构特点

MS6001B 和 MS6001FA 的结构特点如下。

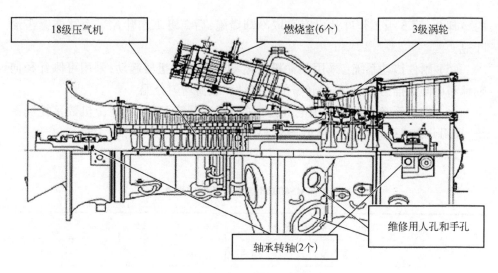

MS6001FA 燃气轮机结构

（1）进气装置：环形进气道通过滑道安装在进气系统前端。

（2）压气机：MS6001B 为 17 级轴流式，进口导向叶片可调；转子叶片和静子叶片的材料为 403 不锈钢，盘的材料为 Ni-Cr-Mo-V 或 Cr-Mo-V 钢，机匣的材料为 A395 球墨铸铁或 A46 铸铁。从压气机引气用于涡轮冷却，并提供涡轮导向叶片、轮盘及轴承密封所需的密封空气，以及起动时的防喘控制。

MS6001FA 为 18 级轴流式，进口导向叶片可调，前 2 级为跨声速设计。级间引气用于涡轮冷却，并提供涡轮导向叶片、轮盘及轴承密封所需的密封空气，以及起动时的防喘控制。

（3）燃烧室：MS6001B 燃烧系统为回流式，共有 10 个燃烧室机匣、火焰筒和联焰管；火焰筒材料为 Hastelloy X，等离子喷涂陶瓷热障涂层可降低材料温度和温度梯度；可选用标准燃烧系统和干低 NO_x 燃烧系统，两者均可燃用多种燃料；采用双点火器。

MS6001FA 燃烧系统为分管形（6 个），其设计特点及工作条件与 MS9001FA 燃气轮机相似，部分零件（包括喷嘴、旋流器、帽罩和尾罩等）可以通用；第 1 级涡轮导向叶片与燃烧室采用整体式结构；采用标准干低 NO_x 燃烧系统；火焰筒帽罩与多燃料喷嘴采用一体化设计。

（4）涡轮：3 级轴流式，前 2 级工作叶片和所有 3 级导向叶片均采用空气冷却。MS6001B 的第 2 级和第 3 级工作叶片带整体叶冠。MS6001FA 的工作叶片材料为 GTD-111 合金。第 1 级导向叶片材料为铸造 FSX414，第 2 级和第 3 级导向叶片材料则为铸造 GTD-222。第 1 级工作叶片采用定向结晶，内部结构带有产生扰流的螺旋冷却通道，在顶部及尾缘排气；第 2 级工作叶片带有产生扰流的径向冷却孔;第 3 级工作叶片没有采取冷却措施;后 2 级工作叶片采用整体锯齿形叶冠。

（5）附件传动系统：采用柴油机或电动机通过变扭器起动;采用可倾瓦径向轴承和可倾瓦推力轴承,确保转子的稳定性和载荷均匀分配。

（6）控制系统：采用通用电气公司的 Mark Ⅴ 或 Mark Ⅵ 型微机数字控制系统;采用分布式处理器设计和冗余式结构。

2）性能参数

发电型 MS6001B 燃气轮机的主要参数

参　数	简 单 循 环		联 合 循 环		
	发电型	机械驱动型	S106B	S206B	S406B
功率/MW	42.1	43.5	64.3	130.7	261.3
效率/%	—	—	49.0	49.8	49.8
压比	12.2	12.0	—	—	—
热耗率/[kJ/(kW·h)]	11 227	10 821	6 960	6 850	6 850
质量流量/(kg/s)	141.1	140.0	—	—	—
排气温度/℃	548	544			
输出转速/(r/min)	5 163	5 111			

发电型 MS6001C 燃气轮机的主要参数

参　数	简 单 循 环	联 合 循 环	
		S106C	S206C
功率/MW	42.3	62.8	136.0
效率/%	>36.3	54.0	54.4
压比	19	—	—
热耗率/[kJ/(kW·h)]	9 930	6 667	6 618
质量流量/(kg/s)	117	—	—
排气温度/℃	574		
输出转速/(r/min)	7 100		

发电型 MS6001FA 燃气轮机的主要参数

参　数	50 Hz 简单循环	60 Hz 简单循环	50 Hz 联合循环 （S106FA）	50 Hz 联合循环 （S206FA）	60 Hz 联合循环 （S106FA）	60 Hz 联合循环 （S206FA）
功率/MW	75.9	75.9	117.7	237.9	118.1	237.5
效率/%	—	—	54.7	55.3	54.6	54.9
压比	15.6	15.7	—	—	—	—
热耗率/[kJ/（kW·h）]	10 300	10 330	6 582	6 508	6 593	6 550
质量流量/（kg/s）	202.76	203.66	—	—	—	—
排气温度/℃	603	604	—	—	—	—
输出转速/（r/min）	5 231	5 254	—	—	—	—

整体煤气化联合循环型 MS6001B 燃气轮机的主要参数

机组型号	频率/Hz	机组功率/MW	燃气轮机功率(烧合成气)/MW
106B	50/60	60	40

MS6001FA 燃气轮机的尺寸和重量

参　数	数　值
长度/mm	28 950
宽度/mm	20 110
高度/mm	10 360
重量/kg	362 877

MS7001（Model 7000、Frame 7）

1. 一般情况

主制造商　美国 GE Power Business Division；

日本 Toshiba Corp.（许可生产商）。

供 应 商　美国 Arconic Engines, Winsted Operations（第 1 级压气机转子叶片）；

美国 Mee Industries Inc.（冷却排雾系统）；

美国 Power Systems Manufacturing（低排放燃烧室火焰筒）；

美国 Powmat Ltd.（柔性联轴器）；

美国 Praxair Surface Technologies, Formerly Sermatech（燃烧室热障涂层）；

美国 Vogt Power International Inc.（余热锅炉）。

结构形式 简单循环、轴流式单轴工业燃气轮机。

功率等级 85~172 MW。

现　状 生产。

产　量 截至 2021 年初，已安装 950 台。

改进改型 MS7001EA　MS7001 的改进型，是 MS7001 系列中功率较小的产品。发电型 MS7121EA 的功率为 85.4 MW。机械驱动型包括 MS7111EA 和 MS7121EA 两种型号，功率都为 86.2 MW。

MS7001FA　MS7001EA 的功率增大型，简单循环型的功率为 171.7 MW。

MS7001FB　MS7001 系列中的较新型，只提供联合循环装置，联合循环型的功率为 280.3 MW。

MS7001G/H　MS7001G/H 中的 G 系列可在简单循环和联合循环方式下运行，H 系列只在联合循环方式下运行，功率为 480 MW。

MS7001F　又称改进发电型，经过多年改进，可在简单循环、联合循环、整体煤气化联合循环三种模式下运行。

价　格 MS7001EA（发电型）为 4 900 万美元（2019 年），MS7001FA（发电型）为 4 900 万美元（2019 年），MS7001FB（发电型）为 4 500 万美元（2019 年），MS7001H（发电型）为 4 100 万美元（2019 年），MS7001EA（机械驱动型）为 3 500 万美元（2019 年）。

应用领域 公用事业和工业发电（包括热电联供和联合循环）以及机械驱动。

竞争机型 60 Hz MS7001 的竞争机型为三菱动力株式会社和西门子能源公司的同等功率燃气轮机产品。

2. 研制历程

MS7001 燃气轮机于 1967 年开始研制，1970 年投入使用，具体研制概况如下表所列。

MS7001 系列燃气轮机研制概况

时　间	研制里程碑
1967 年	开始研制 MS7001 燃气轮机
1969 年 8 月	开始运行首台原型机

续　表

时　　间	研　制　里　程　碑
1970 年	在美国长岛电力公司投入使用首台 MS7001 燃气轮机
1986 年 10 月	将 60 Hz 的 MS7001F 燃气轮机投放市场
1987 年	完成组装首台新一代 MS7001EA 燃气轮机
1988 年 8 月	开始升级 MS7001EA 和 MS7001F 燃气轮机
1990 年 6 月	在美国弗吉尼亚电力公司开始运行首台 MS7001F 燃气轮机
1995 年	将 MS7001G/H 燃气轮机投放市场
1999 年 11 月	将 MS7001FB 燃气轮机投放市场
2000 年第 1 季度	开始进行首台 MS7001H 燃气轮机预装运测试
2000 年第 1~2 季度	开始进行首台 MS7001FB 燃气轮机满载荷试验
2001 年 1 月	开始交付首台 MS7001FB 燃气轮机
2014 年 12 月	首批 8 台中的 4 台 MS7001FA 达到在基本载荷下使用的要求
2015 年 5 月	首批 8 台中的最后 4 台 MS7001FA 达到在基本载荷下使用的要求
2017 年 9 月	在日本西名古屋火力发电厂开始运行首批 3 台 MS7001HA 重型燃气轮机
2018 年	开始在新泽西州的联合循环发电厂首次运行世界第一台双燃料 MS7001HA 重型燃气轮机
2018 年 9 月	探测到 MS7001HA 重型燃气轮机压气机转子叶片出现氧化故障

3. 结构和性能

1）结构特点

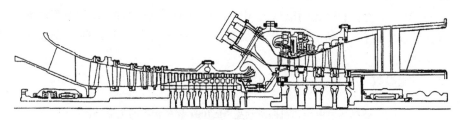

MS7001 燃气轮机结构

（1）进气装置：空气通过进气道从径向进入，然后转 90°进入压气机。

（2）压气机：MS7001EA 为 17 级轴流式，第 1 级静子叶片可调，后面级不可调；静子与水平对开机匣为整体结构，转子为锻造盘，并利用螺栓紧固，转子叶片是宽弦设计；机匣材料为 A46 铸铁或 A395 球墨铸铁，转子叶片和静子叶片的材料是

12%(质量分数)Cr 钢,轮盘是 Ni - Cr - Mo - V 钢。

MS7001FA 为 18 级轴流式,第 2~17 级是 MS7001E 的按比例放大,0 级和第 1 级是基于航空发动机技术重新设计的跨声速级。MS7001F 在第 13 级引气。

MS7001EC 为 18 级轴流式,进口导向叶片和前 4 级静子叶片采用高强度、耐腐蚀的 C450 不锈钢材料,第 4~8 级转子叶片采用 AISI 403+Cb 不锈钢及 GECC - 1 涂层,其余转子叶片采用无涂层的 AISI 403+Cb 合金,第 17 级静子叶片和第 1 级与第 2 级进口导向叶片 In718 铸件。

(3) 燃烧室:逆流环管形,带有 10 个火焰筒、10 个燃油喷嘴和 2 个点火器;空气雾化喷嘴适用于多种燃料,所有火焰筒用联焰管互连,火焰筒和过渡段的材料为 Hastelloy X,而 MS7001F 型的低温部分采用 HS - 188 材料。

MS7001F 采用逆流环管形燃烧室,有 14 个火焰筒,比 MS7001E 型的短 63.5 mm,每个火焰筒装有 6 个喷嘴。为适应 1 260℃高温出口,燃烧室火焰筒和新的过渡段受冲击部分喷涂了陶瓷热障涂层。MS7001EC 周向安装了 5 个喷嘴。

(4) 涡轮:3 级轴流式,第 1~2 级工作叶片和导向叶片采用了冷却设计;机匣材料为 A395 球墨铸铁;第 1~2 级工作叶片材料为 GTD - 111。

MS7001F 的第 1 级工作叶片为定向结晶铸造,并采用了公司开发的冷却技术;第 3 级工作叶片材料是 Udimet 500,第 1 级导向叶片材料是 FSX414,盘和轴的材料是 Cr - Mo - V 钢;所有 3 级导向叶片采用空气冷却;第 2~3 级带锯齿冠;第 2~3 级导向叶片材料是 GTD - 222;所有 3 级工作叶片都有涂层,第 1 级采用 CoCrAlY 等离子喷涂层;第 2 级采用 CoCrY 涂层;第 3 级采用部分渗碳的 Cr 覆盖层。

MS7001EC 的第 3 级叶片为无冷却设计。所有工作叶片采用 GTD - 111 熔模精铸,第 1 级是定向结晶,第 2、3 级是等轴晶粒。

(5) 附件传动系统:可由柴油机或带转矩变换器的电动机起动;有 5 个轴承、1 个可倾瓦轴承和 2 个椭圆径向轴承,以及 2 个可倾瓦推力轴承(主推力轴承和副推力轴承)。

(6) 控制系统:采用通用电气公司三冗余 Mark V 控制系统,自动控制和保护燃气轮机起动、载荷、停机和其他运行状态;微型计算机和微型处理器安装于单独的控制柜内。

2) 性能参数

简单循环发电型和机械驱动型 MS7001 燃气轮机的主要参数

参　　数	发　电　型		机 械 驱 动 型
	MS7001EA	MS7001FA	MS7121EA
功率/MW	85.4	171.7	86.2
压比	12.6	16.0	11.9

续 表

参 数	发 电 型		机械驱动型
	MS7001EA	MS7001FA	MS7121EA
热耗率（低热值）/[kJ/ (kW·h)]	10 991	9 873	10 920
质量流量/(kg/s)	292	432	299
排气温度/℃	537	601	537

联合循环发电型 MS7001 燃气轮机的主要参数

参 数	MS7001EA	MS7001FA	MS7001FB	MS7001H
燃气轮机数量/台	1	1	1	1
功率/MW	130.2	262.6	280.3	400.0
效率/%	50.2	56.0	57.3	60.0
热耗率/[kJ/(kW·h)]	7 175	6 424	6 276	6 000

整体煤气化联合循环型 MS7001 燃气轮机的主要参数

参 数	燃气轮机型号		机 组 型 号	
	MS7001EA	MS7001FA	107EA	107FA
额定功率(烧合成气,60 Hz)/MW	90	197	—	—
净功率/MW	—	—	130	280

MS7001 燃气轮机的尺寸和重量

参 数	MS7001EA	MS7001FA
长度/mm	40 230	54 860
宽度/mm	21 640	22 860
高度(带排气装置)/mm	9 450	9 450
干重量(带附件装置)/kg	485 000	745 000

MS9001 (Model 9000、Frame 9)

1. 一般情况

主制造商　美国 GE Power Business Division；

印度 Bharat Heavy Electricals Ltd. (BHEL) (许可生产商)。

供 应 商　美国 Braden Manufacturing LLC (排气扩压器)；

德国 Deutsche Edelstahlwerke GmbH (铸件)；

美国 Dollinger Corp. (油雾分离器)；

美国 Haynes International Inc. (高温合金)；

美国 Hitec Corp. (传感器)；

美国 Power Systems Manufacturing (低排放燃烧室火焰筒)；

美国 Praxair Surface Technologies，Formerly Sermatech (燃烧室热障涂层)。

结构形式　简单循环、轴流式单轴工业燃气轮机。

功率等级　85 ~ 571 MW。

现 　 状　生产。

产 　 量　截至 2021 年初，已制造和安装 1 300 台。

改进改型　MS9001A　MS9001 系列中的初始型，功率为 85 MW。

MS9001E (9E. 03/9E. 04)　MS9001 初始型的改进型，初始功率为 110 MW，通过持续改进，增至 123. 4 MW。

MS9001E 升级型　将功率增至 126. 1 MW。

MS9001EC　在 MS9001E 基础上，将功率增大 37%。

MS9001F (9F. 01)　MS9001 系列中的 190 + MW 级产品，功率从最初 190 MW，增大至 212 MW，随后增大至 225 MW。

MS9001FA (9FA. 03/9FA. 04)　MS9001F 中功率最大的简单循环型，功率为 255. 6 MW。

MS9001FB (9FB. 01)　采用了重新设计的涡轮、干低氮氧化物 2 + 型燃烧系统、公司先进的 Mark VI 控制系统。

MS9001HA (9HA. 01/02)　9HA. 01 是全球第一台采用 3D 打印微孔预混燃烧室技术的燃气轮机，功率为 448 MW；9HA. 02 是公司截至 2019 年开发的功率最大的重型燃气轮机，功率高达 571 MW。

Flex Efficiency 50　于 2011 年 6 月投放市场的单轴联合循环发电装置，宣称在起动 30 min 后的功率高达 510 MW，效率达 61%。

价　　格　9E.03/9E.04（发电型）为 283~285 美元/千瓦（2018 年）；9FA.03/9FA.04（发电型）为 237~238 美元/千瓦（2018 年）；9HA.01/02（联合循环发电型）为 428~434 美元/千瓦（2018 年）；MS9001E（机械驱动型）为 280~283 美元/千瓦（2018 年）。

应用领域　基本载荷发电（包括简单循环、联合循环和热电联供），MS9001E 还用于调峰发电。

竞争机型　在简单循环 120 MW 功率以上，竞争机型为三菱动力株式会社的 M501F、M701F、M701G、M701G2 燃气轮机和西门子能源公司的 SGT5-2000/3000/4000 燃气轮机。

2. 研制历程

MS9001 燃气轮机于 1974 年开始研制，1986 年开始投入使用，具体研制概况如下表所列。

MS9001 系列燃气轮机研制概况

时　间	研制里程碑
1974 年	开始研制 MS9001 燃气轮机
1975 年末期	组装完成首台 MS9001 燃气轮机
1981 年	首次获得日本东京电力公司 14 台 MS9001 燃气轮机订单
1986 年	MS9001 燃气轮机全面投入使用
1987 年 6 月	将 MS9001F 燃气轮机投放市场
1988 年 8 月	开始升级 MS9001F 燃气轮机
1989 年 6 月	开始研制 MS9001F 燃气蒸汽联合循环燃气轮机
1991 年 6 月	将 MS9001F 燃气轮机的功率增大至 225 MW
1991 年 8 月	在美国南卡罗来纳州的格林维尔制造出首台功率增大的 MS9001F 燃气轮机
1992 年 2 月	将 MS9001FA 燃气轮机投放市场
1992 年 12 月	在法国热讷维耶开始运行首台功率增大型 MS9001F 燃气轮机
1994 年 5 月	将 MS9001EC 燃气轮机投放市场
1995 年 5 月	将 MS9001G/H 燃气轮机投放市场
1996 年 10 月	制造出首台 MS9001EC 燃气轮机
1997 年	在阿根廷开始投入使用首台 MS9001EC 燃气轮机

时　　间	研 制 里 程 碑
2000 年 12 月	组装完成首台 MS9001H 燃气轮机并开始交付
2001 年 12 月	将 MS9001E 燃气轮机的功率增大至 126.1 MW
2002 年 6 月	开始研制采用空气冷却技术的 MS9001FB 燃气轮机
2002 年第 4 季度	开始研制集成了先进技术的 MS9001H 燃气轮机
2003 年 9 月	MS9001H 燃气轮机投入使用
2004 年第 3 季度	将 MS9001FB 燃气轮机投放市场
2005 年 6 月	将 MS9001H 燃气轮机从 480 MW 升级至 520 MW
2012 年 11 月	与中国签订燃气轮机服务协议
2015 年 4 月	制造出首台功率增大型 MS9001H 燃气轮机
2019 年	开始将首台功率增大型 MS9001HA.02 燃气轮机运往马来西亚南方发电公司
2020 年 9 月	MS9001HA.01 燃气轮机在华电天津军粮城发电有限公司现场点火成功

3. 结构和性能

1）结构特点

（1）进气装置：空气由径向进入，并偏转 90°进入压气机。

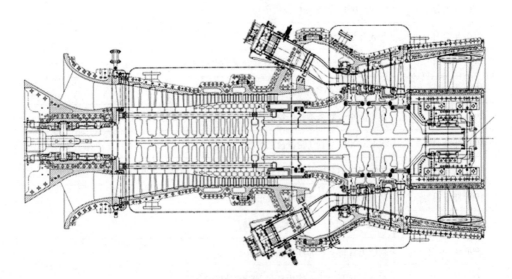

MS9001FA 燃气轮机结构

（2）压气机：除 MS9001EC 和 MS9001F 为 18 级外，其他型为 17 级轴流式。静子与水平对开机匣为整体结构，转子为锻造后经机械加工制成，并用螺栓紧固；进气机匣材料为 A46 铸铁，排气机匣材料为 A312 奥氏体钢；转子叶片和静子叶片的材料均为 12% Cr 钢（403 SS），轮盘由 Ni − Cr − Mo − V 钢制成。

（3）燃烧室：回流分管形，除 MS9001EC 和 MS9001F 的燃烧系统为 18 个火焰筒以及每个火焰筒有 6 个燃油喷嘴外，其他型为周向分布的 14 个火焰筒，其中 4 个火焰筒内安装有高能点火器和紫外线火焰探测器，火焰筒之间由联焰管相互连通，使用液体燃料的空气雾化喷嘴具有燃用多种燃料的能力；火焰筒和联焰管材料为 Hastelloy X，燃烧室机匣由铸铁制成。

MS9001E、EC、FB 和 H 型可配置公司的干低排放燃烧系统，能满足 NO_x 排放不高于 25 ppm 的要求。

（4）涡轮：3 级轴流式。第 1~2 级工作叶片和导向叶片采用了冷却设计；第 1、2 级工作叶片材料为 In738，第 3 级工作叶片材料为 Udimet 500；第 2、3 级导向叶片材料为 GTD 222；MS9001F 的第 2、3 级工作叶片带整体式锯齿冠；机匣材料为 A350 球墨铸铁，轴和盘由 Cr − Mo − V 钢制成。

（5）附件传动系统：可由带转矩变换器的 932 kW 柴油机、电动机、蒸汽或膨胀涡轮起动。

标准支承结构包括 1 个可倾瓦轴承、2 个椭圆径向轴承和 2 个可倾瓦推力轴承（主推力轴承和副推力轴承）。

（6）控制系统：采用通用电气公司三冗余 Mark V 或 Mark VI 型控制系统来控制和保护燃气轮机自动起动、载荷、停机和其他运行状态；微型计算机和微型处理器安装于单独的控制柜内。

2）性能参数

简单循环型 MS9001 燃气轮机的主要参数

参　　数	MS9001E	MS9001EC	MS9001FA	MS9001HA. 01	MS9001HA. 02
功率/MW	126.1	169.2	255.6	448.0	571.0
效率/%	—	—	—	42.9	44.0
压比	12.6	14.2	15.4	—	—
热耗率/[kJ/(kW · h)]	10 653	10 308	9 757	8 398	8 166
质量流量/(kg/s)	418	558	624	—	—
排气温度/℃	543	556	609	—	—

联合循环型 MS9001 燃气轮机的主要参数

参　数	S109E	S209E	S109FA	S209FA	S109FB	S209FB	S109H
燃机型号	MS9001E	MS9001E	MS9001FA	MS9001FA	MS9001FB	MS9001FB	MS9001H
燃机数量/台	1	2	1	2	1	2	1
功率/MW	193.2	391.4	390.8	786.9	412.9①	825.4	520.0
效率/%	52.0	52.7	56.7	57.1	58.0	58.0	60.0
热耗率/[kJ/(kW·h)]	6 930	6 840	6 350	6 305	6 205	6 208	6 000

注：① 包括蒸汽涡轮。

MS9001 燃气轮机的尺寸和重量

参　数	MS9001E	MS9001EC	MS9001FA
长度/mm	35 050	41 140	34 130
宽度/mm	23 470	16 150	7 620
高度/mm	11 880	13 710	15 240
重量/kg	861 834	771 115	1 088 633

三菱动力航改燃气轮机有限责任公司

1. 概况

三菱动力航改燃气轮机有限责任公司(Mitsubishi Power Aero LLC)是发电行业内领先的能源解决方案提供商,总部位于美国康涅狄格州格拉斯顿伯里。公司前身是普惠电力系统公司;1934年,美国联合飞机公司成立;1961年,美国联合飞机公司成立了涡轮动力和海事部;1970年9月,美国联合技术公司(前身为美国联合飞机公司)成立了全资子公司涡轮动力和海事系统公司;2000年6月,美国联合技术公司将涡轮动力和海事系统公司更名为普惠电力系统公司;2013年5月,三菱重工业株式会社收购普惠电力系统公司,并将其更名为PW电力系统公司;2017年8月,将PW电力系统公司作为全资子公司转让给三菱日立电力系统株式会社;2018年4月,将PW电力系统公司并入三菱动力系统美洲公司,PW电力系统公司更名为PW电力系统有限责任公司;2020年9月,日立株式会社退出三菱日立电力系统株式会社,PW电力系统有限责任公司成为三菱动力系统美洲公司的子公司;2021年4月,将PW电力系统有限责任公司更名为三菱动力航改燃气轮机有限责任公司,以期进一步利用母公司的资源和技术,增强航改燃气轮机产品和服务。

公司业务涉及提供全面的燃气轮机产品和服务。燃气轮机产品包括ST18/ST40、FT8、FT4000燃气轮机,功率等级为850 kW~120 MW。早在1961年,美国联合飞机公司的普惠飞机部启动了基于J75/JT4发动机的FT4A燃气轮机的研制,用于舰船和工业发电领域。1962年,涡轮动力和海事部开发出首台10 MW的Power Pac型燃气轮机。1970年9月,涡轮动力和海事系统公司开始制造25 MW和50 MW简单循环发电机组。20世纪80年代,涡轮动力和海事系统公司开始基于JT8D发动机研制FT8燃气轮机,并于1991年研制成功。2001年,普惠电力系统公司和能源服务公司联合开发出FT8 SWIFTPAC燃气轮机发电机组。2003年,研制成功FT8-3燃气轮机。2004年11月,普惠电力系统公司与能源服务公司合作开发出FT8 MOBILEPAC燃气轮机发电机组。2011年12月,普惠电力系统公司宣布开始研制FT4000燃气轮机。2015年,FT4000 SWIFTPAC燃气轮机首次投入运行。截至2019年12月,累计售出2 000多台。燃气轮机产品凭借排放低、可靠性高、燃料适应性好、成本低等优势,广泛应用于发电、机械驱动、舰船推进等领域。

2. 组织机构

公司通过设立各种部件中心,确保了集成产品开发研制思想的实施。公司的制造工厂大部分位于美国境内,国外工厂主要分布于以色列、波兰、挪威、俄罗斯和中国5个国家。公司装配厂主要位于康涅狄格州、佛罗里达州和魁北克3地。

通过与机械力学和分析公司的良好合作,公司能够提供专业的售后服务工作。主要工厂位于纽约的莱瑟姆和克利夫顿公园、科罗拉多州的柯林斯堡、密苏里州的圣路易斯、得克萨斯州的休斯敦等。公司的燃气轮机维修工作主要依托位于得克萨斯州的圣安东尼奥维修中心开展。

3. 竞争策略

(1) 大量继承航空发动机先进技术。公司依托航空部门的技术积累,大量继承航空发动机成熟且先进的技术,坚持渐进改进方法,不断调整燃气轮机产品结构,陆续研制了性能优异的航改燃气轮机产品。

(2) 灵活调整经营战略。三菱重工业株式会社收购普惠电力系统公司后,产品线中增加了基于中小型飞机发动机为母型机的航改燃气轮机产品,具备了可与欧美竞争企业抗衡的产品阵容,建立了可灵活应对多种需求的体制,保持了燃气轮机产品的市场竞争优势。

ST18/40

1. 一般情况

主制造商　美国 Turbo Power and Marine Systems, Inc. (1987~2000 年);

美国 Turbo Power and Marine Systems, Inc. (2000~2013 年);

美国 PW Power Systems(2013~2018 年);

美国 PW Power Systems LLC(2018~2021 年);

美国 Mitsubishi Power Aero LLC(2021 年至今);

日本 Ebara Corp. (许可生产商)。

供 应 商　美国 Allen Gears(发电机用复合行星齿轮);

美国 Continental Controls Corp. (燃油阀);

美国 Meggitt Controls Systems(燃油加热器)。

结构形式　离心增压、三轴航改燃气轮机。

功率等级　2~4 MW。

现　　状　生产。

产　　量　截至 2020 年初,已生产 30 台。

改进改型　**ST30**　在 PW150 系列涡桨发动机基础上研制的,于 2003 年停产。

　　　　　　催化燃烧系统(XONON)型　配置于 ST18/ST40 上的低排放催化

燃烧系统，NO_x 排放低于 3 ppm。

ST40SWIFTPAC 4　配置了 ST40 燃气轮机的移动发电机组，功率为 4 MW。

价　　格　舰船推进用 ST18A 为 130 万美元（2020 年）；舰船推进用 ST40 为 220 万美元（2020 年）。

应用领域　发电、机械驱动、舰船推进/动力、火车动力。

竞争机型　在舰船动力领域，竞争机型为罗尔斯·罗伊斯公司的 MT-7 燃气轮机、通用电气公司的 LM500 燃气轮机和曙光机械设计科研生产联合体的 UGT-3000 燃气轮机。

2. 研制历程

ST18 燃气轮机母型机于 1987 年开始设计，1995 年开始生产；ST40 燃气轮机于 1999 年开始设计，2002 年投入使用；具体研制概况如下表所列。

ST18/40 燃气轮机研制历程

时　间	研制里程碑
1987 年	涡轮动力和海事系统公司开始设计 ST18 燃气轮机母型机 SPW124-2 涡桨发动机
1995 年	开始生产 ST18 燃气轮机
1998 年 4 月	开始在 ST18 和 ST40 燃气轮机上配置低排放催化燃烧系统；将 ST30 燃气轮机投放市场
1999 年	开始研制 ST40 燃气轮机；开始交付 ST30 燃气轮机
2002 年 10 月	加拿大庞巴迪运输公司开始采用 ST40 燃气轮机作为喷气式火车机车的推进动力
2003 年	ST30 燃气轮机停产
2004 年 1 月	挪威海军盾牌级导弹艇开始采用 ST18/ST40 系列燃气轮机作为推进动力
2013 年 5 月	三菱重工业株式会社收购普惠电力系统公司
2021 年 4 月	将 PW 电力系统有限责任公司正式更名为三菱动力航改燃气轮机有限责任公司

3. 结构和性能

1）结构特点

（1）进气装置：铝制进气道，径向进气。

（2）压气机：低压压气机为单级、离心式；高压压气机为单级、离心式。

（3）燃烧室：回流环形，带辅助雾化空气的燃料喷嘴，一个或两个点火器，大量应用陶瓷热障涂层。

（4）涡轮：高压涡轮为单级轴流，精铸叶片、内部空气冷却叶片、盘为锻件；低压涡轮为单级轴流，精铸叶片、内部空气冷却叶片、盘为锻件；动力涡轮为 2 级轴

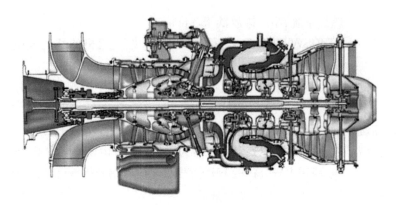

ST40 燃气轮机结构

流、自由动力涡轮,精铸叶片,盘为锻件。

（5）附件传动系统:2 个点火器、减速齿轮箱、燃料加热器、液体燃料泵,以及大陆控制公司提供的液体燃料阀;轴承为滚珠轴承和滚棒轴承。

2）性能参数

ST18/40 燃气轮机的主要参数

参　　数	ST18A		ST40		SWIFTPAC 4
	发电用	舰船用	发电用	舰船用	发电用
功率/MW	2.0	2.0	4.0	4.0	3.9
效率/%	30	30	33	33	—
压比	14	14	16.9	16.9	16.9
热耗率/[kJ/(kW·h)]	11 922	11 922	10 878	10 878	11 325
质量流量/(kg/s)	7.97	7.97	13.9	13.9	13.9
排气温度/℃	532	532	544	544	544
输出转速/(r/min)	18 900	18 900	14 875	14 875	—

ST18/40 燃气轮机的尺寸和重量

参　　数	ST18A	ST40
长度/mm	1 532	1 700
宽度/mm	670	670

续　表

参　数	ST18A	ST40
高度/mm	807	965
重量/kg	350	525

FT8

1. 一般情况

主制造商　美国 Turbo Power and Marine Systems, Inc. (1986~2000 年)；

　　　　　　美国 Turbo Power and Marine Systems, Inc. (2000~2013 年)；

　　　　　　美国 PW Power Systems(2013~2018 年)；

　　　　　　美国 PW Power Systems LLC(2018~2021 年)；

　　　　　　美国 Mitsubishi Power Aero LLC(2021 年至今)；

　　　　　　日本 Ebara Corp. (许可生产商)；

　　　　　　德国 MAN SE(许可生产商)。

供 应 商　美国 Arconic Power and Propulsion, Winsted Operations(燃气发生器和动力涡轮叶片)；

　　　　　　美国 BASF AG(氧化催化剂)；

　　　　　　美国 Columbia Manufacturing Inc. (进气机匣、蜂窝密封)；

　　　　　　美国 Dollinger Corp. (油雾消除器)；

　　　　　　美国 Ladish Co. Inc. (轴、轮毂、机匣锻件)；

　　　　　　美国 Precision Castparts Corp. (涡轮排气机匣铸件)；

　　　　　　美国 Standard Steel(结构锻件)；

　　　　　　美国 TM Industries Inc. (动力涡轮对开机匣)；

　　　　　　美国 Woodward Inc. (燃气轮机控制装置、燃油计量装置、可调静子叶片调节器)；

　　　　　　美国 Wyman - Gordon Houston (燃气发生器和动力涡轮轮盘、轮毂)。

结构形式　轴流、三轴工业/舰船航改燃气轮机。

功率等级　24~72 MW。

现　　状　生产。

产　　量　截至 2020 年初,已生产和安装超过 373 台。

改进改型　FT8-30　用于机械驱动,配置德国"曼"柴油机与涡轮公司的动力涡轮,输出转速为 3 000 r/min(50 Hz),可顺时针和逆时针旋转。

FT8‑36　用于机械驱动,配置德国"曼"柴油机与涡轮公司的动力涡轮,输出转速为 3 600 r/min(60 Hz),可顺时针和逆时针旋转。

FT8‑55　用于机械驱动,配置德国"曼"柴油机与涡轮公司的高速动力涡轮,输出转速为 5 500 r/min。

FT8 Plus　又称 FT8+,与基本型相比,功率增大 17%。2003 年 1 月该项目终止。

FT4000　在 PW4000 航空发动机基础上派生研制,用于基本和调峰载荷发电,功率等级为 60~120 MW(单联或双联机组)。

MFT‑8　商船推进型,GG8 型燃气发生器加装三菱动力株式会社研制的高速动力涡轮。

FT8 SWIFTPAC　可提供 30 MW 或 60 MW 移动电力,运抵现场后,可在 30 天内具备供电能力。

FT8 MOBILEPAC　移动式发电机组,配置 FT8 燃气轮机,可提供 30 MW 移动电力,主要用于应急发电领域。

FT4000 SWIFTPAC　可提供 70 MW 或 140 MW 移动电力。

价　　格　发电装置约 1 240 万美元(2020 年)。

应用领域　发电、舰船推进、机械驱动。

竞争机型　在发电领域,竞争机型为西门子能源公司的 SGT‑A45 RB 燃气轮机、曙光机械设计科研生产联合体的 UGT‑25000 燃气轮机以及通用电气公司、株式会社日立制作所(Hitachi)公司的相关机组。在机械驱动领域,竞争机型为西门子能源公司的 SGT‑600 和 SGT‑A45 RB 燃气轮机。

2. 研制历程

FT8 燃气轮机于 1986 年开始设计,1992 年 1 月首次投入使用,具体研制概况如下表所列。

FT8 燃气轮机研制历程

时　间	研　制　里　程　碑
1986 年	涡轮动力和海事系统公司开始基于 JT8D‑219 发动机研制 FT8 燃气轮机
1986 年 8 月	与中国成都发动机公司签署合作研制 FT8 燃气轮机的协议
1988 年底	将 FT8 燃气轮机设计功率增大到 25.4 MW
1989 年 6 月	将 FT8 燃气发生器首次运转到满载荷状态

续　表

时　间	研制里程碑
1990 年	与德国"曼"柴油机与涡轮公司签署合作研制 FT8 燃气轮机的协议,FT8 发电机组开展首次试验
1992 年 1 月	FT8 燃气轮机首次投入使用
1992 年 12 月	首次向日本三井工程与造船公司开始交付用于超高速客货船推进的 3 台 MFT－8 燃气轮机
1998 年 3 月	开始在德国运行首台 FT8 低排放机组
2001 年	将 FT8 SWIFTPAC 燃气轮机发电机组投放市场
2001 年 12 月	在拉斯维加斯电力会议上将 FT8+燃气轮机投放市场
2002 年第 1 季度	将 FT8+燃气轮机机组功率增大 15%
2002 年第 2 季度	将 FT8+燃气轮机机组功率增大 17%
2003 年	研制成功 FT8－3 燃气轮机
2004 年 11 月	将 FT8 MOBILEPAC 燃气轮机发电机组投放市场
2011 年 12 月	开始基于 PW4000 发动机研制 FT4000 燃气轮机
2013 年 5 月	三菱重工业株式会社收购普惠电力系统公司
2013 年 8 月	与美国爱克森电力公司签订第一份 FT4000 SWIFTPAC 燃气轮机订单
2013 年 10 月	交付第 100 套 FT8 MOBILEPAC 燃气轮机发电机组
2014 年 9 月	完成新一代 FT4000 航改燃气轮机初始验证试验
2015 年 6 月	FT4000 SWIFTPAC 燃气轮机首次投入运行
2021 年 4 月	将 PW 电力系统有限责任公司正式更名为三菱动力航改燃气轮机有限责任公司

3. 结构和性能

1)结构特点

(1)进气装置：喇叭形进气口,轴向进气,内有整流锥和 18 个整流支板。

(2)压气机：低压压气机为 8 级轴流式,由 JT8D－200 发动机衍生而成;进口导向叶片和前 2 级静子叶片可调;初始型转子叶片材料为 Ti－6A1－4V 钛合金;轮盘材料为钢和钛;静子叶片由钢和铝制成;钢零件有铝或扩散铝涂层。高压压气机为 7 级轴流式,由 JT8D－200 发动机衍生而成;轮盘与转子叶片材料为钢和钛;初始型前 3 级轮盘材料为 17－22A 钢,后 4 级为 In718 合金;钢零件有铝或扩散铝涂层。

(3)燃烧室：初始型为环管形,有 9 个火焰筒和 9 个燃料喷嘴;采用油、气双燃料系统,也可以使用低热值燃料;FT8+燃烧室火焰筒内壁涂有涂层,寿命大幅提高。

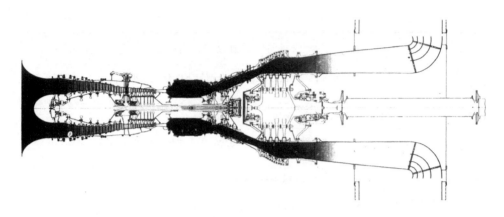

FT8 燃气轮机结构

（4）涡轮：高压涡轮为单级轴流式,涡轮工作叶片和导向叶片为气冷叶片。FT8 基本型涡轮工作叶片材料为 MAR－M－247,导向叶片材料为 MAR－M－509,轮盘材料为 In718,叶片涂层为 NiCoCrAlY;FT8+高压涡轮增加了冷气量,同时采用了先进的热障涂层。低压涡轮为 2 级轴流式,第 1 级工作叶片和导向叶片为气冷结构。FT8+低压涡轮增加了冷气量,采用了先进的热障涂层,同时叶片材料也进行了改进。动力涡轮为 4 级轴流式,初始型动力涡轮叶片材料除第 3 级和第 4 级导向叶片为 In718 外,皆为 In738,轮盘材料为 In901。第 1 级和第 2 级涡轮工作叶片及导向叶片涂层为 PWA73 铝硅,轴采用 PWAl10 铝涂层。

（5）附件传动系统:起动机为空气膨胀涡轮,也可选用液压马达;燃气发生器共有 7 个滚动轴承,动力涡轮的 2 个支点共用 3 个轴承支承。

（6）控制系统:配置伍德沃德公司的 NetCon5000 数字控制系统以及燃料系统,用于控制燃料流量、压气机可调导向叶片、引气和冷却空气流量。

（7）排气装置:初始型材料为 409 不锈钢,结构形式为由 5 个环状圆弧形导向叶片形成的扩压腔,将气流由轴向转至径向,然后由排气蜗壳收集排出。

2）性能参数

发电型和机械驱动型 FT8 燃气轮机的主要参数

参　　　数	FT8 单机		FT8 双联		MFT－8
	天然气	馏分油	天然气	馏分油	天然气
功率/MW	27.4	26.3	55.1	53.0	26.8
效率/%	37	36	37	36	—
压比	18.8	18.8	18.8	18.8	18.8

续 表

参 数	FT8 单机		FT8 双联		MFT-8
	天然气	馏分油	天然气	馏分油	天然气
热耗率/[kJ/(kW·h)]	9 780	9 976	9 722	9 915	9 306
质量流量/(kg/s)	88.5	87.1	176.5	174.2	87.3
排气温度/°C	449	450	449	450	463
输出转速/(r/min)	3 000/3 600	3 000/3 600	3 000/3 600	3 000/3 600	5 000
NO_x 排放 [15% O_2 (质量分数)]/ppm	25	42	25	42	—

舰船推进型 FT8 燃气轮机的主要参数

参 数	FT8	FT8-3	MFT-8
功率/MW	24.9~27.5	27.5~29.6	25.8~27.4
压比	18.8	19.7	20.4
耗油率/[kg/(kW·h)]	0.221~0.229	0.215~0.217	0.216~0.218
质量流量/(kg/s)	83.2	86.1	84.8
排气温度/°C	462	482	467
输出转速/(r/min)	3 000/3 600/5 500	3 000/3 600/5 500	5 000

FT8 MOBILEPAC/SWIFTPAC 燃气轮机的主要参数

参 数	50 Hz			60 Hz		
	FT8 MOBILEPAC	FT8 SWIFTPAC30	FT8 SWIFTPAC60	FT8 MOBILEPAC	FT8 SWIFTPAC30	FT8 SWIFTPAC60
功率/MW	28.5	30.7	61.6	30.9	30.9	62.1
效率/%	34.7	36.4	36.4	36.7	36.6	36.8
热耗率/[kJ/(kW·h)]	10 376	9 900	9 882	9 825	9 841	9 792
质量流量/(kg/s)	92	92	184	92	92	184
排气温度/°C	496	494	494	491	491	491
输出转速/(r/min)	3 000	3 000	3 000	3 600	3 600	3 600

FT4000 SWIFTPAC 燃气轮机的主要参数

参　数	50 Hz		60 Hz	
	FT4000 SWIFTPAC70	FT4000 SWIFTPAC140	FT4000 SWIFTPAC70	FT4000 SWIFTPAC140
功率/MW	70.2	140.5	71.9	144.2
效率/%	40.4	40.5	41.5	41.6
热耗率/[kJ/(kW·h)]	8 908	8 896	8 686	8 661
质量流量/(kg/s)	183	367	183	367
排气温度/°C	431	431	422	422
输出转速/(r/min)	3 000	3 000	3 600	3 600

联合循环 FT4000 SWIFTPAC 燃气轮机(1×1)的主要参数

参　数	FT4000 SWIFTPAC70	FT4000 SWIFTPAC140
功率/MW	87.7	176.9
效率/%	50.7	51.1
热耗率/[kJ/(kW·h)]	7 106	7 051

FT8 燃气轮机的尺寸和重量

参　数	发电型	舰船推进型	机械驱动型 (3 000 r/min)	机械驱动型 (5 000 r/min)
长度/mm	24 384	5 791	14 630	14 630
宽度/mm	12 192	1 829	8 534	8 534
高度/mm	9 144	1 829	3 353	3 353
重量/kg	204 120	7 711	33 975	33 385

FT8 MOBILEPAC/SWIFTPAC 和 FT4000 SWIFTPAC 燃气轮机的尺寸和重量

参　数	FT8 MOBILEPAC	FT8 SWIFTPAC30	FT8 SWIFTPAC60	FT4000 SWIFTPAC70	FT4000 SWIFTPAC140
长度/mm	5 000	5 000	5 000	9 000	9 000
宽度/mm	2 000	2 000	2 000	4 000	4 000

参　数	FT8 MOBILEPAC	FT8 SWIFTPAC30	FT8 SWIFTPAC60	FT4000 SWIFTPAC70	FT4000 SWIFTPAC140
高度/mm	3 000	3 000	3 000	4 000	4 000
重量/kg	13 000	13 000	13 000	43 000	43 000

索拉涡轮公司

1. 概况

索拉涡轮公司(Solar Turbines Incorporated)是一家领先的专门从事能源解决方案的供应商,是全球领先的中型工业用燃气轮机制造商之一,总部位于美国加利福尼亚州圣迭戈市。公司成立于 1927 年,最初是一家飞机公司;1973 年,公司的主营业务开始脱离航空领域,专注于工业燃气轮机、涡轮机的生产和服务;1981 年,公司被卡特彼勒公司收购,成为卡特彼勒的子公司,母公司充足的资金支持对索拉涡轮公司新产品的研发提供了有力保障;2015 年,公司建立了三维虚拟沉浸式实验室,协助封装产品的设计、快速开发和原型制作。

公司专注于中小型燃气轮机的开发,从 1956 年发展至今,虽然燃气轮机功率及效率一直在增长,但其产品功率始终在 30 MW 级以下。随着技术的进步,公司通过突破关键技术并及时改进原有机型,以及通过气动设计改进、贫燃预混燃烧等先进技术,使得老机组性能指标不断升级,其中 Saturn 20 发布近 60 年,目前仍在出售。公司从 20 世纪 80 年代就开始研究干低排放燃烧技术,1992 年推出首型先进的贫油预混干低排放(SoLoNO$_x$)燃烧系统,1996 年开展 SoLoNO$_x$ 技术从气体燃料向液体燃料的技术研发;火焰筒采用了增强型背面冷却技术,确保冷却空气不与主燃区的燃烧混合物混合,消除了大量淬火,从而降低了 CO 排放;该冷却技术还能确保燃烧火焰温度降低,进而减少了 NO$_x$ 排放。开发增强型燃油输送系统,提供更精确的引燃燃油流量控制,这是实现持续低排放的关键;允许引燃流路中有更高的压降,进而改进燃油分配;电子执行器向压气机进口可调导向叶片、放气阀和燃油阀提供快速、准确和可重复的响应,以更好地控制整个运行范围内的排放水平。利用动态压力传感器监测燃烧室声学振荡,并直接安装在火炬上。在燃气轮机上开始使用陶瓷部件,允许更高的燃气进气温度而增加功率,同时通过减少使用压缩空气冷却部件而提高热效率并降低污染。

公司业务涉及提供石油和天然气解决方案以及发电解决方案。燃气轮机产品为 Saturn 20、Centaur 40、Centaur 50、Mercury 50、Taurus 60、Taurus 65、Taurus 70、Mars 90、Mars 100、Titan 130、Titan 250 等型号,功率等级为 1 ~ 23 MW。截至 2019

年 6 月,公司售出燃气轮机共计 16 000 台。1956 年,公司研制出功率为 36.8 kW 的 Mars 燃气轮机。1961 年,公司投入运行首台 Saturn 燃气轮机。1973 年,公司开始研制功率为 7.4 MW 的 Mars 燃气轮机。1984 年,公司将研制出的首个 Turbotronic 控制系统安装到 Mars 燃气轮机上。1985 年,公司推出 Centaur 50 燃气轮机。1987~1994 年,公司分别推出 Taurus 60、Taurus 70 和 Mars 100 燃气轮机。1997 年,公司推出功率为 14~15 MW 的 Titan 130 燃气轮机,该燃气轮机采用新的叶片和燃烧技术,提高了部分载荷下燃油消耗性能,并且单轴和双轴配置的热效率都超过 35%。2005 年,公司推出称为 InSight Platform 的设备运行状况管理系统,现已发展成包含数字工具、功能和分析的完整生态系统,可以充分延长燃气轮机正常运行时间并降低生命周期成本。2008 年,公司推出功率为 21.7 MW 的 Titan 250 燃气轮机。2018 年,产品线中新增发电模块,这些工厂预组装的模块设计简化,减少了维护工作并最大限度地提高了生产力,也缩短了现场安装和调试时间。2019 年,公司推出用于短期发电的完整移动发电站,可适用于油田发电、远程发电、拖车发电以及在自然灾害等紧急情况下的发电。燃气轮机产品凭借燃油经济性、先进的贫油预混干低排放系统等技术优势,广泛应用于发电、机械驱动等领域。

2. 组织机构

公司拥有规模庞大的工程设计建造部门,可按用户要求承担整个发电站的可行性研究、方案设计、详细设计、配套设备采购、项目管理、设备安装、调试、开机、用户操作、维修培训和交钥匙工程;公司在全球通过 43 个网点开展产品销售、制造和服务等业务。

3. 竞争策略

(1)瞄准节能环保。公司生产的机械部件在服役期满或报废后全部回收,拆装维修和重新使用率超过 70%,无法重新使用的材料由公司交还钢铁等原材料供应企业回收利用,在流程中做到生产部件零丢弃。公司还在燃气轮机研制中注重控制污染的燃烧技术,不断改进减排技术;另一个重要方向是提高燃烧效率,通过大力推广余热回收来节约能源。

(2)提供租赁融资。对于美国本土外的客户,公司与美国本土外有合作关系的银行签订对客户的融资协议;对于新兴市场国家和地区的客户,公司的租赁融资通常由美国进出口银行提供。

(3)实施技术创新。通过技术创新进一步完善低排放型燃气轮机技术。以陶瓷部件代替标准金属部件,这是业界首次运用陶瓷部件冷却技术将温度保持在预定范围。与美国能源部联合为先进涡轮系统计划开发优化回热循环型 Mercury 50 燃气轮机技术,在大幅减排的同时可节约 10% 的电力生产成本。

Saturn

1. 一般情况

主制造商　美国 Solar Turbines Inc.。

供 应 商　美国 Hilliard Corp.（TC/TP 系列起动机）；

美国 Petrotech Inc.（排序/保护系统）；

美国 Precision Castparts Corp.（PCC）（铸造结构件）；

美国 UTC Aerospace Systems，Engine Components（燃油喷嘴）；

美国 Wood Group Fuel Systems（燃油喷嘴）；

美国 Woodward Inc.（电子调速器）。

结构形式　轴流式、单轴/双轴工业燃气轮机。

功率等级　1~2 MW。

现　　状　少量生产。

产　　量　截至 2020 年初，已售出超过 4 800 台。

改进改型　Saturn 10　用于压缩和机械驱动领域，已停产。

Saturn 20　用于机械驱动和发电领域。

Saturn SoLoNO$_x$ 型　SoLoNO$_x$ 为贫油预混燃烧技术，空气/燃油混合比一致，污染物排放进一步降低。

价　　格　配置发电机组的 Saturn 20 为 96.57 万美元（2020 年）；配置机械驱动装置的 Saturn 20 为 120 万美元（2020 年）。

应用领域　发电和机械驱动（天然气压缩和泵吸）。

竞争机型　发电领域的竞争机型为佛雷斯能源公司和凯普斯通绿色能源公司的同等功率燃气轮机。机械驱动领域的竞争机型为川崎重工业株式会社的 M1A - 01 燃气轮机。

2. 研制历程

Saturn 燃气轮机于 1957 年开始研制，1961 年 1 月开始交付，具体研制概况如下表所列。

Saturn 燃气轮机研制概况

时　间	研 制 里 程 碑
1957 年	开始研制 Saturn 燃气轮机
1960 年	将 Saturn 10 燃气轮机投放市场

续 表

时　间	研 制 里 程 碑
1961 年	交付首台 Saturn 燃气轮机
1963 年 5 月~1965 年 5 月	开始在美国海岸警卫队的首批 5 艘快艇上配装 10 台 Saturn 燃气轮机
1966 年	向美国干线燃气公司交付 4 台 Saturn 燃气轮机
1979 年 12 月	开始研制回热型 Saturn 燃气轮机
1981 年 1 月	开始测试首台回热型 Saturn 燃气轮机
1982 年	开始将 Saturn 燃气轮机应用于垃圾处理市场
1984 年	向美国先锋自然资源公司交付制造出的第 4 000 台燃气轮机
1988 年	将 Saturn 10 燃气轮机投放市场
1988 年末期	开始将 Saturn 燃气轮机应用于热电联供领域
1992 年	将 SoLoNO$_x$ 型 Saturn 燃气轮机投放市场
1995 年	将 Saturn 20 燃气轮机投放市场
2009 年 6 月	获得卡塔尔电力和水公司 3 台 Saturn 20 燃气轮机的订单
2016 年	与美国哥伦比亚输气公司签署了利用 1 台 Centaur 50 燃气轮机替换公司拥有的 3 台 Saturn 燃气轮机的协议
2018 年 1 月	美国干线燃气公司的 Saturn 燃气轮机仍在运行,其寿命循环超过 50 年

3. 结构和性能

1) 结构特点

(1) 进气装置:整体铸铝进气道,空气径向进入带滤网集气室,然后转成轴向进入压气机。

(2) 压气机:8 级轴流压气机,等外径设计。转子叶片和机匣的材料为马氏体沉淀硬化型不锈钢(17 - 4 PH),盘和静子叶片的材料为马氏体不锈钢(410 SS)。压气机涂有无机铝涂层。

(3) 燃烧室:环形,有 12 个燃油喷嘴和 1 个火炬点火器。在维修涡轮导向叶片和火焰筒时,燃烧室机匣可以拆下。另外,装备有天然气燃料系统,但是订货时可以要求提供柴油燃料或双燃料系统,双燃料系统可以根据工况转换。火焰筒和机匣的材料为 N - 155。

(4) 涡轮:2 级。所有的盘都是机械加工的,工作叶片用枞树形榫头固定在盘上。所用材料如下:第 1~2 级工作叶片为 MAR - M421;第 1 级导向叶片为 X45M,

Saturn 20 燃气轮机结构

第 2 级导向叶片为 N - 155;盘为 A286 不锈钢;轴为 4340 钢;机匣为 422 AISI 不锈钢。涡轮工作叶片和导向叶片均喷涂有贵金属扩散的铝金属化合物涂层。动力涡轮为 1 级,工作叶片材料为 In713,导向叶片材料为 N - 155;对于双轴机型,动力涡轮为自由涡轮;对于单轴恒定转速机型,动力涡轮用螺栓连接在一起。

(5) 附件传动系统:转子用径向轴承和固定斜面推力轴承支承,所有轴承采用加压润滑;滑油箱采用成套安装方式,配置滑油-空气冷却器、滑油滤和滑油泵;可选用滑油-水冷却器;采用空气或燃气膨胀马达或电动机或液压马达起动。

(6) 控制系统:采用伍德沃德公司生产的 EG - B2C 型电子调节器检测载荷或频率的变化,并能按比例分配载荷。对于单台机组,有 1 个可在 0% ~ 5% 调整转速的液压调节器,或者对于不同的机组用手动并行操作;带有失效-安全运行装置,至少有 8 台 Saturn 燃气轮机采用美国大陆控制公司的 AGV10 气体燃料阀,在阀门内嵌有加速控制器。

2) 性能参数

Saturn 燃气轮机的主要参数

参　　数	发　电　型	发电型(油气工业型)	机械驱动型/压缩装置
功率/kW	1.2	1.2	1.2
热耗率/[kJ/(kW·h)]	14 795	14 795	14 670

续　表

参　　数	发　电　型	发电型(油气工业型)	机械驱动型/压缩装置
质量流量/(kg/s)	6.5	6.5	6.5
排气温度/℃	505	505	520
蒸汽产量/(kg/h)	3 700~16 800	3 700~16 800	—

发电型/机械驱动型/压缩型 Saturn 燃气轮机的尺寸和重量

参　　数	发电型	发电型(油气工业型)	机械驱动型	压缩装置
长度/mm	5 982	5 766	4 013	7 010
宽度/mm	1 727	1 651	1 778	1 920
高度/mm	2 134	1 997	2 248	2 100
重量/kg	8 980	9 880	3 733	20 657

Centaur/Mercury/Taurus

1. 一般情况

主制造商　美国 Solar Turbines Inc.。

结构形式　轴流式、单轴或双轴工业燃气轮机。

功率等级　3~8 MW。

现　　状　生产。

产　　量　截至 2019 年初,已售出接近 6 000 台。

改进改型　Centaur 40　机械驱动型功率为 3.5 MW,发电型功率为 3.5 MW。

Centaur 50　机械驱动型功率为 4.6 MW,发电型功率为 4.6 MW。

Centaur 50L　通常用于压缩装置的机械驱动,功率为 4.7 MW。

Mercury 50　美国能源部先进涡轮系统计划的研究成果,只研制出发电型,为回热循环模式,与 Centaur 50 的功率相同,但效率更高。

Taurus 60　机械驱动型功率为 5.7 MW,发电型功率为 5.5 MW。

Taurus 60M　舰船推进型,在国际标准环境连续条件下的功率为 5.1 MW;共交付给英国柏布考克海事集团(Babcock Marine)20 台该型燃气轮机,安装在 10 艘 45 m 长的渡轮上。

Taurus 65　在国际标准环境连续条件下,发电型功率为 6.3 MW。

Taurus 70　基于 Taurus 60 和 Mars 90 燃气轮机设计,机械驱动型功率为 7.7 MW,发电型功率为 7.5 MW。

价　　格　配置发电机组(2018 年):Centaur 40 为 250 万美元;Centaur 50 为 250 万美元;Mercury 50 为 300 万美元;Taurus 60 为 400 万美元;Taurus 65 为 380 万美元;Taurus 70 为 430 万美元。

配置机械驱动装置(2018 年):Centaur 40 为 270 万美元;Centaur 50 为 300 万美元;Taurus 60 为 400 万美元;Taurus 70 为 440 万美元。

联合循环发电装置(2018 年):汽轮机辅助热电联供 60 型(Steam Turbine Assisted Cogeneration 60)为 800 万~820 万美元;汽轮机辅助热电联供 70 型为 840 万~870 万美元。

应用领域　发电(备用电源、连续发电和热电联供)和机械驱动(天然气压缩、泵吸、再喷射和提升)。

竞争机型　竞争机型为通用电气公司、川崎重工业株式会社和西门子能源公司的 3~8 MW 级燃气轮机。

2. 研制历程

Centaur 燃气轮机于 1966 年开始研制,1969 年投入生产;Mercury 50 燃气轮机于 1991 年开始研制,1999 年开始交付;单轴型 Taurus 燃气轮机于 1990 年投入使用;具体研制概况如下表所列。

Centaur/Mercury/Taurus 燃气轮机研制概况

时　　间	研 制 里 程 碑
1966 年	开始研制 Centaur 燃气轮机
1969 年	开始批量生产 Centaur 燃气轮机
1982 年	开始将 Centaur 燃气轮机应用于垃圾处理市场
1983 年	开始将 Centaur 燃气轮机配置高效回热器
1988 年中期	开始升级 Centaur/Taurus 燃气轮机
1990 年 1 月	首台单轴型 Taurus 燃气轮机投入使用
1991 年	开始研制 Mercury 50 燃气轮机
1991 年	开始开展 SoLoNO$_x$ 燃烧室研制计划
1992 年	开始研制 Taurus 60M 舰船推进燃气轮机

续　表

时　间	研 制 里 程 碑
1992 年中期	将 Taurus 60M 燃气轮机投放市场
1993 年中期	开始量产配置 SoLoNO$_x$ 燃烧室的燃气轮机
1993 年 11 月	将 Taurus 70 燃气轮机投放市场
1995 年	将 Centaur 50L 燃气轮机投放市场,将 Centaur 50 燃气轮机功率增至 4.6 MW,将 Taurus 60 机械驱动型燃气轮机功率增大至 5.7 MW
1998 年	获得美国罗谢尔市政公用事业公司 1 台 Mercury 50 燃气轮机的订单
1999 年	交付首台 Mercury 50 燃气轮机
1999 年 6 月	将冷端驱动单轴型 Taurus 70 燃气轮机投放市场
1999 年 7 月	配置 Taurus 60M 燃气轮机的舰船在希腊投入使用
2004 年第 4 季度	开始开展首台 Taurus 65 燃气轮机研制试验
2005 年第 3 季度	开始开展 Taurus 65 燃气轮机耐久性试验
2006 年第 1 季度	开始交付首台生产型 Taurus 65 燃气轮机
2006 年 3 月	将双燃料型 Taurus 65 燃气轮机投放市场
2008 年 5 月	获得澳大利亚起源能源公司 4 台 Taurus 60 燃气轮机的订单
2011 年 9 月	获得巴基斯坦电力公司 11 台 Taurus 60 和 Taurus 70 燃气轮机的订单
2016 年 7 月	获得美国洲际天然气管道公司 2 台 Taurus 70 燃气轮机的订单
2018 年 7 月	获得美国波特兰天然气输送系统公司 1 台 Centaur 50 燃气轮机的订单

3. 结构和性能

1)结构特点

(1)进气装置:带滤网径向进气系统,进气罩由铁制单元体构成。

(2)压气机:Mercury 为 10 级轴流式;Centaur 为 11 级轴流式,等外径设计;Taurus 为 12 级,前部加零级。进口导向叶片和前 2 级静子叶片可调,轮盘单个机械加工并用圆弧端齿连接,压气机材料包括 ASTM 285C 合金、17-4 PH 和 410SS,可调静子叶片材料为 17-4 PH,不可调静子叶片材料为 410SS,盘材料为 410,轴材料为 4340 钢。

(3)燃烧室:环形。除可选用带有 10 个常规燃油喷嘴的传统燃烧系统外,还可选用带有 12 个燃油喷嘴的 SoLoNO$_x$ 燃烧系统。采用火炬式点火系统,可配置天然气燃料系统或替代燃料系统。Taurus 60 还可燃用双燃料(天然气/液体燃料)。

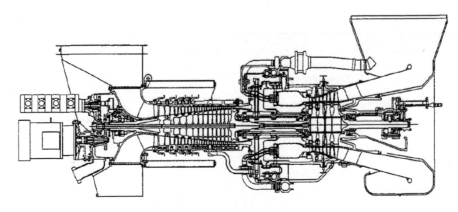

Taurus 70 燃气轮机结构

（4）涡轮：2 级或 3 级高压涡轮,后接 1 级或 2 级反力式动力涡轮。Taurus 70 GS 高压涡轮为 3 级,对于机械驱动用的双轴结构,第 3 级为自由动力涡轮,高压涡轮工作叶片材料为 MAR - M421,导向叶片材料为 X45M,动力涡轮工作叶片材料为 In713LC。对于恒定转速的单轴结构,3 级轮盘用圆弧端齿连接。对于叶片材料,第 1～2 级转子为 MAR - M421,第 3 级转子为 In713LC,第 1～2 级静子为 FSX414,第 3 级静子为 N - 155。所有涡轮盘都采用锻造和机加工的 V57 不锈钢。单轴和双轴的机匣材料都为 NiResist N58,轴材料为 4340SS。双轴型 Taurus 的涡轮为 4 级。

（5）附件传动系统：可燃用天然气、液态燃料、双燃料(天然气/液体燃料)和代用燃料(如矿物油、丙烷和低热值气态燃料)。起动方式通常为交流电动机直接驱动或气体膨胀机起动。通常由可倾瓦径向轴承和推力轴承支承,Taurus 70 GS 采用径向轴承(带有接近式探针的 3 个可倾瓦)和推力轴承(带有迟滞时间差型探针的 1 个可倾瓦)支承,双轴型采用径向轴承和 2 个 In713LC 斜面轴承支承,所有轴承采用加压润滑。

（6）控制系统：配置了 1 个独立式控制台、彩色显示器和振动监视器的微处理器控制系统。

2）性能参数

发电型 Centaur 和 Mercury 50 燃气轮机的主要参数

参　　数	Centaur 40 PG(发电型) Centaur 40 GS(油气工业型)	Centaur 50 PG(发电型) Centaur 50 GS(油气工业型)	Mercury 50 PG(发电型)
功率/MW	3.5	4.6	4.6
效率/%	27.9	29.3	38.5

续　表

参　数	Centaur 40 PG(发电型) Centaur 40 GS(油气工业型)	Centaur 50 PG(发电型) Centaur 50 GS(油气工业型)	Mercury 50 PG(发电型)
热耗率/[kJ/(kW·h)]	12 910	12 270	9 350
质量流量/(kg/s)	18.6	19.1	17.7
排气温度/℃	435	510	365
蒸汽产量/(kg/h)	8 100~48 000	10 900~49 100	47 100

发电型 Taurus 燃气轮机的主要参数

参　数	Taurus 60 PG （发电型）	Taurus 60 GS （油气工业型）	Taurus 65 GS （发电型） Taurus 65 PG （油气工业型）	Taurus 70 PG （发电型） Taurus 70 GS （油气工业型）
功率/MW	5.5	5.7	6.3	7.5
效率/%	30.4	33.8	33.0	33.8
热耗率/[kJ/(kW·h)]	11 840	11 425	10 945	10 650
质量流量/(kg/s)	21.7	21.7	19.6	26.9
排气温度/℃	510	510	549	490
蒸汽产量/(kg/h)	11 600~56 900	14 200~69 400	14 600~58 200	14 200~69 400

机械驱动型 Centaur 燃气轮机的主要参数

参　数	Centaur 40 CS （压缩装置） Centaur 40 MD （机械驱动型）	Centaur 50 CS （压缩装置） Centaur 50 MD （机械驱动型）	Centaur 60 CS （压缩装置） Centaur 60 MD （机械驱动型）	Centaur 70 CS （压缩装置） Centaur 70 MD （机械驱动型）
功率/MW	3.5	4.6	5.7	7.7
效率/%	27.9	29.9	32.0	34.8
热耗率/[kJ/(kW·h)]	12 905	12 030	11 265	10 340
质量流量/(kg/s)	18.9	18.8	21.6	26.6
排气温度/℃	445	515	510	495
输出转速/(r/min)	15 500	16 500	14 300	12 000

蒸汽轮机辅助热电联供装置的主要参数

参　　数	STAC 60 （不带补燃余热锅炉）	STAC 70 （不带补燃余热锅炉）	STAC 60 （带补燃余热锅炉）	STAC 70 （带补燃余热锅炉）
功率/MW	6.6	9.1	6.5	8.8
蒸汽产量/(kg/h)	12 000	15 500	26 300	32 300

发电型 Centaur/Mercury/Taurus 燃气轮机的尺寸和重量

参　　数	Centaur 40 PG	Centaur 50 PG	Mercury 50 PG	Taurus 60 PG	Taurus 65 PG	Taurus 70 PG
长度/mm	9 754	9 754	9 800	9 753	9 753	11 278
宽度/mm	2 438	2 438	2 600	2 489	2 489	2 932
高度/mm	2 591	2 591	3 200	2 946	2 946	2 743
重量/kg	26 015	27 430	38 900	33 045	33 045	50 314

油气工业型 Centaur/Taurus 燃气轮机的尺寸和重量

参　　数	Centaur 40 CS	Centaur 50 CS	Taurus 60 CS	Taurus 70 CS	Centaur 40 MD	Centaur 50 MD	Taurus 60 MD	Taurus 70 MD	Centaur 40 GS	Centaur 50 GS	Taurus 60 GS	Taurus 65 GS	Taurus 70 GS[1]	Taurus 70 GS[2]
长度/mm	8 915	8 915	8 915	10 973	5 563	5 563	5 563	7 315	9 754	9 754	9 800	9 753	11 290	11 290
宽度/mm	2 438	2 438	2 438	2 718	2 438	2 438	2 438	2 730	2 440	2 440	2 440	2 489	2 790	2 790
高度/mm	2 718	2 718	2 718	3 200	2 718	2 718	2 718	3 610	2 845	2 845	2 600	2 946	2 790	3 170
重量/kg	21 455	24 855	21 908	29 520	10 523	10 569	11 204	20 480	23 755	27 080	30 300	33 045	56 885	56 885[3]

注：① 轴向排气；② 径向排气；③ 重量可能高于或低于轴向排气型。

Mars

1. 一般情况

主制造商　美国 Solar Turbines Inc.。

结构形式　轴流式、双轴工业燃气轮机。

功率等级　9~12 MW。

现　　状　生产。

产　　量　截至 2021 年初，已制造和安装 1 500 台。

改进改型 MarsT‒10000 Mars 系列的初始型号,功率为 8 MW。

Mars 90 初始名称为 T‒12000,为 T‒10000 的升级型,用于发电领域的功率为 9.5 MW。

Mars 100 初始名称为 T‒14000,为 Mars 90 的升级型,用于发电领域的功率为 10.7 MW。

Mars 100 LS Mars 100 的升级型。

价 格 配置发电机组(2018 年):Mars 90 为 460 万~480 万美元;Mars 100 为 500 万~520 万美元。

配置机械驱动装置(2018 年):Mars 90 为 440 万~450 万美元;Mars 100 为 480 万~500 万美元;汽轮机辅助热电联供 100 型联合循环装置为 1 250 万~1 270 万美元。

应用领域 发电(备用发电、连续发电和热电联供)和机械驱动(天然气压缩和泵吸)。

竞争机型 竞争机型为通用电气公司的 NovaLT12 燃气轮机和"曼"能源解决方案公司的 THM 1304‒10 燃气轮机和 THM 1304‒11 燃气轮机。

2. 研制历程

Mars 燃气轮机于 1975 年开始研制,1979 年投入使用,具体研制概况如下表所列。

Mars 燃气轮机研制概况

时 间	研 制 里 程 碑
1975 年	开始研制 Mars 燃气轮机
1976 年	制成 Mars T‒10000 燃气轮机,并开始试验工作
1977 年	开始 Mars T‒10000 预生产型燃气轮机压缩装置的外场试验,并将 Mars 90 燃气轮机投放市场
1979 年	第 1 台生产型 Mars T‒10000 燃气轮机投入使用
1980 年	将 Mars 90 燃气轮机投入使用
1988 年	将 Mars 100 燃气轮机投放市场
1990 年 6 月	将 Mars 燃气轮机功率增至 10.7 MW
1991 年	开始测试配置 RT‒44 动力涡轮的 Mars 100 LS 燃气轮机
1992 年	开始在 Mars 燃气轮机上配置 SoLoNO$_x$ 燃烧系统
1994 年末期	开始利用升级包对 Mars 90 和 Mars 100 燃气轮机进行升级

续　表

时　间	研 制 里 程 碑
2005 年 5 月	签署了公司燃气轮机可采用 MHI 公司压气机的协议
2013 年 4 月	获得伊朗麦纳集团 2 台 Mars 燃气轮机联合循环装置的订单
2016 年 11 月	获得美国田纳西州天然气管道公司 5 台 Mars 100 燃气轮机的订单
2017 年 6 月	获得美国中船管道公司 1 台 Mars 100 燃气轮机的订单

3. 结构和性能

1）结构特点

Mars 100 燃气轮机结构

（1）进气装置：带滤网径向进气系统。

（2）压气机：15 级轴流式，整体式电子束焊转子，第 1~6 级静子叶片（17 - 4 PH）可调，第 1 级宽弦转子叶片设计对冰和外物吸入有高的损伤容限。机匣为垂直对开，便于维修。转子叶片材料为 In718，静子叶片材料为 410SS，盘材料为 410SS，轴材料为 4340，机匣材料为 WC6 合金钢和球墨铸铁。

（3）燃烧室：标准配置是环形，也可采用环形 SoLoNO$_x$ 燃烧室。标准配置是 21 个燃油喷嘴，也可采用 14 个 SoLoNO$_x$ 燃油喷嘴；采用火炬式点火系统，有孔探仪插口。火焰筒材料为 Hastelloy X，机匣材料为 410SS。另外，可以配置天然气燃料系统或双燃料(气态/液态)系统。

（4）涡轮：2级，反力式设计。第1级导向叶片和工作叶片以及第2级导向叶片从压气机引气进行内部冷却。第1级工作叶片材料为MAR－M421合金，第2级工作叶片材料为V－700，盘材料为Wasploy，机匣材料为In903，导向叶片材料为FSX－414。动力涡轮为2级反力式设计。Mars 100的第1级工作叶片材料为单晶CMSX－4合金，第2级导向叶片材料为N－155，并涂有防护涂层，以便延长寿命。盘材料为In718，机匣材料为In903。

（5）附件传动系统：气压起动或交流电动机直接驱动，转子由5个可倾瓦轴承(径向和主推)和2个斜面轴承(副推)支承。

（6）控制系统：Mars 90和Mars 100均配置了带有独立式控制台、彩色显示器和振动监视器的微处理器控制系统。

2）性能参数

Mars 90 和 Mars 100 燃气轮机的主要参数

参　　数	发　电　型		机 械 驱 动 型		压 缩 装 置	
	Mars 90 PG/ Mars 90	Mars 100 PG/ Mars 100	Mars 90	Mars 100	Mars 90	Mars 100
功率/MW	9.5	10.7	9.9	11.2	9.0	11.2
热耗率/[kJ/(kW·h)]	11 300	11 090	10 830	10 595	10 830	10 595
质量流量/(kg/s)	40.2	41.6~41.8	40.2	42.3	40.2	42.3
排气温度/℃	465~470	485	465	485	465	485
蒸汽产量/(kg/h)	19 600~ 103 600	22 100~ 107 700	—	—	—	—

联合循环发电型 Mars 100 燃气轮机的主要参数

参　　数	30 型一体化电站	40 型一体化电站	50 型一体化电站	60 型一体化电站
燃气轮机数量/台	2	3	4	5
燃气轮机功率/MW	21.4	32.1	42.8	53.5
蒸汽轮机功率/MW	7.3	11.0	14.6	17.5
热耗率(低热值)/[kJ/(kW·h)]	8 177	8 156	8 145	8 140

汽轮机辅助热电联供型的主要参数

参　　数	STAC 100(不带补燃余热锅炉)	STAC 100(带补燃余热锅炉)
功率/MW	13.4	13.1
蒸汽产量①/(kg/h)	22 700	49 500

注：① 蒸汽压力为 1 034 kPa,蒸汽质量为饱和状态。

Mars 90 和 Mars 100 燃气轮机的尺寸和重量

参　数	发　电　型		发电型(油气工业型)		机械驱动型①		压 缩 装 置	
	Mars 90 PG	Mars 100 PG	Mars 90	Mars 100	Mars 90	Mars 100	Mars 90	Mars 100
长度/mm	14 516	13 868	14 520	14 516	8 992	8 992	14 123	14 123
宽度/mm	2 794	2 932	2 790	2 794	2 794	2 794	2 794	2 794
高度/mm	3 662	3 564	3 560	3 632	3 563	3 563	3 563	3 563
重量/kg	67 570	62 483	67 585	67 570	25 908	25 908	73 331	73 331

注：① 不包括被驱动的设备。

Titan 130

1. 一般情况

主制造商　美国 Solar Turbines Inc.。

结构形式　轴流式、单轴/双轴工业燃气轮机。

功率等级　16~24 MW。

现　　状　生产。

产　　量　截至 2020 年初,已生产 520 台(Titan 130 生产 470 台,Titan 250 生产 50 台)。

改进改型　Titan 250　基于 Titan 130 燃气轮机设计,为双轴型。

　　　　　　Titan 130 **移动发电型**　配置了 SoLoNO$_x$ 干低 NO$_x$ 燃烧系统,可燃用双燃料,安装于移动拖车上。

价　　格　配置发电机组(2020 年)：Titan 130 为 700 万美元;配置机械驱动装置(2020 年)：燃气轮机为 860 万美元。

　　　　　　简单循环发电装置包括燃用单种燃料燃气轮机整机、空气冷却发电机、底座和箱装体、带有基本过滤器和消声器的进气装置、排气装置、起动机和控制装置、传统燃烧系统。

机械驱动装置包括带有底座、燃用天然气的简单循环燃气轮机整机。

联合循环装置包括带有燃气轮机(通常为干低排放型)、无辅助烟囱的无补燃多压余热锅炉、多压凝汽式汽轮机、发电机、升压变压器、水冷式热耗散装置、标准控制装置、起动系统和辅助装置的交钥匙设备。

应用领域　发电(备用发电、连续发电和热电联供)和机械驱动(天然气压缩和泵吸)。

竞争机型　竞争机型为通用电气公司的 LM1600 燃气轮机、三菱动力株式会社的 MF-111 燃气轮机和西门子能源公司的 SGT-400 燃气轮机。

2. 研制历程

Titan 130 燃气轮机于 1997 年 5 月开始研制,1998 年 5 月交付首台标准生产型,具体研制概况如下表所列。

Titan 130 燃气轮机研制概况

时　间	研制里程碑
1997 年 5 月	开始研制 Titan 130 燃气轮机
1998 年 5 月	向美国太平洋燃气和电力公司交付首台标准生产型机械驱动用 Titan 130 燃气轮机
1998 年中期	将单轴型 Titan130 燃气轮机投放市场
2004 年 12 月	将 Titan 130 移动发电型投放市场
2011 年 12 月	将 Titan 250 燃气轮机投放市场
2017 年 6 月	获得美国中船管道公司 2 台 Titan 130 燃气轮机的订单

3. 结构和性能

1) 结构特点

(1)压气机:14 级轴流式,进口导向叶片和第 1~5 级静子叶片均可调。

(2)燃烧室:根据 Mars 燃气轮机改进的环形燃烧室,也可采用环形 SoloNO$_x$ 系统;可以配置天然气燃料系统、液体燃料系统或双燃料(气态/液态)系统。机械驱动装置只采用天然气燃料。

(3)涡轮:2 级反力式设计,动力涡轮为 2 级。

(4)附件传动系统:配置一个整体滑油系统(涡轮驱动的主滑油泵、交流电动机驱动的前滑油泵/后滑油泵、直流电动机驱动的备份泵)。滑油系统包括滑油冷

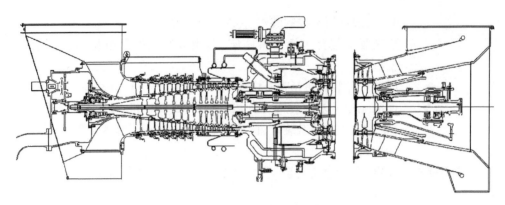

Titan 130 燃气发生器和动力涡轮模块结构

却器(水冷或气冷)、滑油加热器、油箱油雾分离器和消焰器,为气压起动或交流电动机直接驱动。机械驱动装置可采用两种起动模式。

(5)控制系统:采用 Turbotronic 3000 型微处理器控制系统(它是一个设在底盘上的控制系统,具有独立式控制台、彩色显示器和振动显示器)。

2)性能参数

Titan 130/250 燃气轮机的主要参数

参　　数	发　电　型		发电型(油气工业型)		机械驱动型/压缩装置	
	Titan 130	Titan 250	Titan 130	Titan 250	Titan 130	Titan 250
功率/MW	16.5	23.1	16.5	23.1	17.5	23.8
效率/%	35.4	39.4	35.4	39.4	37.4	40.6
热耗率/[kJ/(kW·h)]	10 160	9 260	10 160	9 260	9 620	9 000
质量流量/(kg/s)	49.9	68.2	56.3	68.2	57.1	68.2
排气温度/℃	490	465	490	465	480	465
蒸汽产量/(kg/h)	29 200~134 100	35 200~135 100	—	—	—	—

Titan 130/250 燃气轮机的尺寸和重量

参　　数	发　电　型		机械驱动型/压缩装置	
	Titan 130	Titan 250	Titan 130	Titan 250
长度/mm	14 200	18 500	9 800	11 100
宽度/mm	3 200	3 900	3 100	3 900

参　　数	发　电　型		机械驱动型/压缩装置	
	Titan 130	Titan 250	Titan 130	Titan 250
高度/mm	3 200	4 100	3 200	4 100
重量/kg	94 395	126 550	38 555	54 570

维利科动力系统有限责任公司

1. 概况

维利科动力系统有限责任公司是专门从事工业燃气轮机和舰船燃气轮机设计、生产、销售的厂商,总部位于美国佐治亚州阿法乐特。公司成立于 1999 年;公司发展历史最早可追溯到于 20 世纪 50 年代开发出 TF12 舰船燃气轮机的阿芙科-莱康明公司;1987~1995 年,阿芙科-莱康明公司改名为德事隆-莱康明公司;1995 年,联信公司(Allied Signal,现霍尼韦尔公司)收购德事隆-莱康明公司;1999 年,MTU 航空发动机公司和联信公司合资成立维利科动力系统有限责任公司;自 2002 年以来,它成为 MTU 航空发动机公司的全资子公司;2021 年,MTV 航空发动机公司将维利科动力系统有限责任公司出售给美国私募股权企业。

公司生产的燃气轮机采用模块化设计,便于拆卸和替换;同时模块并不针对某一台给定的燃气轮机,而是可以在不同燃气轮机之间互换使用,从而增加了维修的灵活性。压气机最后一级采用离心叶轮,机匣处设有放气口,由泄气阀来控制放气。燃烧室为紧凑型回流环形,可燃用柴油或液化天然气;所独有的回流盘起着改变高温燃气气流方向的作用,其与燃气接触的表面喷有陶瓷涂层;火焰筒为气膜冷却式环形火焰筒,其内表面喷涂有陶瓷保护材料。涡轮采用专门设计的集气室,有利于控制叶尖径向间隙,从而提高燃气轮机的效率。动力涡轮为自由式设计,将全权限数字电子控制技术内嵌到原控制与报警监控系统内,不仅降低了维护难度,也可提高故障诊断能力并减少全寿命周期费用。

公司业务涉及燃气轮机工业发电机组和机械驱动机组、舰船燃气轮机。燃气轮机产品为 ASE40、ASE50B、ETF40B、TF40、TF40F、TF50B、TF50F、VPS3、VPS3 等型号。截至 2019 年 6 月,已安装超过 1 000 台。早在 20 世纪 50 年代,阿芙科-莱康明公司以 T53 发动机为基础开发出 TF12 舰船燃气轮机。20 世纪 60 年代初期,以 T55 发动机为基础开发出功率为 1.1 MW 的 TF20 舰船燃气轮机。1969 年,将 TF20 燃气轮机功率增大至 2 MW,并改称为 TF25 燃气轮机。1971 年,开发出功率为 2.6 MW 的 TF35 燃气轮机。1975 年,开发出最大功率为 23.4 MW 的 TF40 燃气轮机。1983 年,开发出 TF40 的升级型 TF40B 燃气轮机。1995 年,开始研制 TF40B 的升级型 ETF40B 燃气轮机,并于 2001 年投放市场。1999 年,开始以 ETF40B 的压气机和 LF507 的燃烧室与涡轮为基础研制 TF50 燃气轮机。2003 年,TF50 的工业型 ASE50 燃气轮机首次投入使用。2009 年,开始以 ETF40B 为基础研制用于美国海军船岸连接器的 TF60B 燃气轮机。公司后续计划开发功率进一步增大的 TF70 燃气轮机。燃气轮机产品凭借体积小、排放低、安装简易、维护性好、维护周期短等技术优势,广泛应用于舰船推进、机械驱动、移动发电、分布式能源等领域。

2. 组织机构

公司业务部门主要包括石油和天然气工业部、工业和舰船部、工程部、项目与售后部、供应链部。

3. 竞争策略

公司依托母公司提供的强大技术资源,保持燃气轮机的基本结构,利用模块化、回流环形燃烧室、自由动力涡轮、压气机最后 1 级采用离心叶轮等独特的设计技术,对燃气轮机进行技术、部件升级,实现系列化发展,降低研制风险和研制成本,确保燃气轮机的市场成功。

TF/ASE 40/50

1. 一般情况

主制造商　美国 Vericor Power Systems Inc.（主制造商）;
　　　　　　日本 Mitsubishi Heavy Industries Ltd.（MHI）（箱装体）。

供　应　商　美国 American Air Filter International（AAF International）（进气消声器）;
　　　　　　德国 BHS Getriebe GmbH, Voith（齿轮箱和联轴器）;
　　　　　　日本 Nippon‐Seiki Co. Ltd.（主旋转轴和附件齿轮箱）;
　　　　　　美国 Rexnord Corp., Coupling Division（高性能耦合接头）;
　　　　　　日本 Sumitomo Precision Products Co. Ltd.（滑油冷却器）。

结构形式　单轴和双轴、轴流‐离心式燃气轮机。

功率等级　2~4 MW。

现　　状　生产。

产　　量　截至 2021 年初,已安装超过 570 台。

改进改型　**TF25/25A**　T55‐L‐7C 涡轴发动机的航改型。

　　　　　　TF35　T55‐L‐11 涡轴发动机的航改型。

　　　　　　TC35　TF35 的单轴型。

　　　　　　TF40　T55‐L‐11B 和 LTC4B‐12 涡轴发动机的航改型,专为舰船推进而设计。

　　　　　　TF40B　TF40 的升级型。

TF40F　专为油田及其他苛刻工作条件设计。

ETF40B　TF40B 的功率增强型,配置美国气垫登陆艇,在最大间歇功率时功率增大 15%以上。

TF50A　TF40B 的替代型,专为商船推进而设计。

TF50B　分军船和商船两用型。

TF50F　专为油田及其他苛刻工作条件设计。

TF60B　ETF40B 的升级型,功率增大 25%。

TF80　利用减速齿轮箱以并列或对接方式耦合 2 台 TF40 舰船燃气轮机。

TF100　2 台 TF50 舰船燃气轮机的耦合型。

ASE 40　TF40 的衍生型,进行了大量升级与改进,以进一步适应工业市场。

ASE 50　ASE 40 的升级型,也是 TF50 的工业型。

价　　格　TF40 舰船为 110 万~120 万美元(2018 年);TF80(2 台 TF40 耦合)为 260 万美元(2018 年),TF50 为 165 万~185 万美元(2018 年)。

用于 VPS3 发电机组的 ASE 40 为 150 万~160 万美元(2018 年);用于 VPS4 发电机组的 ASE 50 为 160 万~170 万美元(2018 年)。机械驱动型 ASE 40 为 145 万~155 万美元(2018 年);ASE 50 为 155 万~165 万美元(2018 年)。

简单循环发电装置包括燃用单种燃料以及装有底座的燃气轮机整机、发电机、带有基本过滤器和消声器的进气装置、排气装置、起动机和控制装置、传统燃烧系统。

机械驱动装置包括带有齿轮箱、底座、箱装体、进气装置、排气装置、排气消声器的燃用可燃气的燃气轮机整机、控制装置、防火系统、起动系统、传统燃烧系统。

应用领域　发电(包括备用和热电联供装置)、机械驱动(包括驱动压缩机和泵)和舰船推进/发电。

竞争机型　在舰船推进/发电领域,TF40/ETF40B 的竞争机型为三菱动力航改燃气轮机有限责任公司的 ST30 燃气轮机和通用电气公司的 LM500 燃气轮机。

在发电领域,用于 VPS3 的 ASE 40 以及用于 VPS4 的 ASE 50 竞争机型为罗尔斯·罗伊斯公司的 501 - KB5 燃气轮机以及索拉涡轮公司的 Centaur 40 燃气轮机。

在机械驱动领域,用于 VPS3 的 ASE 40 以及用于 VPS4 的 ASE 50 竞争机型为川崎重工业株式会社的 M1T - 13 燃气轮机、三菱动力航改燃气轮机有限责任公司的 ST40 燃气轮机以及索拉涡轮公司的 Centaur 40 燃气轮机。

2. 研制历程

TF40 燃气轮机于 1970 年开始研制，1975 年投入使用，具体研制概况如下表所列。

TF/ASE 40/50 燃气轮机研制概况

时　间	研 制 里 程 碑
1970 年	开始研制 TF40 燃气轮机
1970 年末期	将 TC35 燃气轮机投放市场
1973 年	TC35 燃气轮机具备交付条件
1975 年	TF40 燃气轮机投入使用
1981 年 6 月	开始研制 TF40B 燃气轮机
1983 年初期	开始生产 TF40B 燃气轮机
1983 年 11 月	TF40B 燃气轮机首次用作气垫登陆艇推进动力
1994 年 3 月	TF40B 燃气轮机首次用作中国香港至珠江三角洲双体快速客轮的推进动力
1995 年	开始研制 ETF40B 燃气轮机
1996 年	将 ASE 40 燃气轮机投放市场，并首次在日本安装完成 2 台
1997 年 6 月	将 ASE 50 燃气轮机投放市场
1998 年	ASE 40 燃气轮机开始采用干低排放技术
1999 年	开始研制 TF50 燃气轮机
2000 年 6 月	TF50 燃气轮机开始用作瑞典海军维斯比护卫舰的推进动力
2001 年 3 月	共向日本交付 24 台气垫登陆艇推进用 TF40B 燃气轮机
2001 年 6 月	将 ETF40B 燃气轮机投放市场
2001 年 10 月	首次向美国海军交付由 TF40B 燃气轮机升级至 ETF40B 燃气轮机的硬件设备
2005 年	获得韩国 8 台 ETF40B 燃气轮机的订单
2007 年 3 月	获得美国海军 24 台 ETF40B 燃气轮机的订单
2017 年	获得韩国 8 台 ETF40B 燃气轮机的订单
2019 年 6 月	由美国派克航空航天公司采用 3D 打印技术制造 TF50F 燃气轮机燃油雾化喷嘴和双燃料歧管组件

3. 结构和性能

1) 结构特点

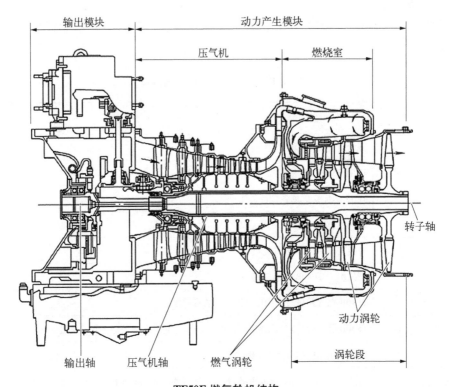

TF50F 燃气轮机结构

（1）进气装置：径向进气。

（2）压气机：7 级轴流加 1 级离心压气机。TF25 的进口导向叶片为固定式，TF35 和 TF40 带有可调进口导向叶片。进气机匣材料为 356 - T6 铸铝合金，压气机机匣材料为 355 - T71 铸铝合金。轴流级转子叶片材料为 AM - 350 不锈钢，轴流级静子叶片材料为 AM - 321 不锈钢，离心级叶轮材料为 Ti - 6A1 - 4V，全部轮盘材料为 SAE 4340 低合金钢。

（3）燃烧室：回流环形。TF35/40 有 28 个燃油喷嘴，TF25 有 14 个燃油喷嘴；电容性放电点火系统带有 4 个火花点火器；机匣材料为 AM350/355 不锈钢，火焰筒为 Hastelloy X。TF40B 舰船推进燃气轮机可燃用柴油、煤油或喷气燃料。

（4）涡轮：2 级轴流式。第 1 级导向叶片带冷却结构，材料为 X - 40；第 2 级导向叶片材料为 N - 155。工作叶片第 1 级材料为 C101，第 2 级材料为 MAR - M421；轮盘材料为 D979；TF 系列和 ASE 40 的动力涡轮为 2 级机械独立式；单轴型 TC35

燃气轮机的输出转速不变;工作叶片材料为 In713C,轮盘材料为 A286 钢。

（5）附件传动系统:可通过电子液压系统、液压马达系统或交流电机起动;采用一体式滑油系统;附件传动装置在齿轮箱上,齿轮箱位于进气机匣顶部。

（6）控制系统:采用电子控制装置,以确保较宽的运行范围和超速限制。

2）性能参数

舰船推进型 TF/ETF 40/50 燃气轮机的主要参数

参　　数	TF40	ETF40B	TF50B
持续功率[1]/MW	2.9	3.8	3.8
最大功率[2]/MW	3.4	4.1	4.2
耗油率/[g/(kW·h)]	304	280	282

注:① 国际标准环境条件、无进排气或齿轮传动损失下的燃气轮机平均性能;② 最大功率运行时间每年不超过 500 h。

热电联供型 ASE 40/50 燃气轮机的主要参数

参　　数	ASE 40	ASE 50
功率/MW	3.0	3.5
效率/%	26.3	28.4
热耗率(低热值)/[kJ/(kW·h)]	13 711	12 659
质量流量/(kg/s)	12.8	14.0
排气温度/℃	603	567
燃油流量/(kg/h)	871	924

VPS3 和 VPS4 发电机组蒸汽产量

参　　数	ASE 40	ASE 50
无补燃/(kg/h)	9 864	10 091
补燃到 871℃/(kg/h)	15 909	18 182
补燃到 1 204℃/(kg/h)	27 273	29 545
完全补燃/(kg/h)	36 364	36 636

机械驱动型 ASE 40/50 燃气轮机的主要参数

参　　数	ASE 40	ASE 50
功率/MW	3.2	3.7
压比	8.8	10.2
热耗率(低热值)/[kJ/(kW·h)]	12 921	11 936
质量流量/(kg/s)	12.8	14.1
排气温度/℃	598	562
输出转速/(r/min)	15 400	16 000

VPS3 发电机组的尺寸

参　　数	数　　值
长度/mm	7 720
宽度/mm	2 640
高度/mm	6 100

TF/ASE 40/50 燃气轮机的尺寸和重量

参　　数	TF40 和 ETF40B	TF50	ASE 40	ASE50B
长度/mm	1 321	1 397	1 625	1 625
宽度/mm	889	889	863	863
高度/mm	1 046	1 046	965	965
重量/kg	602	682	—	—

参考文献

侯宇辉,周顺军,1994. 重型工业燃气轮机的新起点[J]. 热能动力工程,9(6):351－355.

郎朗,2011. 9FA 燃气轮机控制系统分析[D]. 长春:吉林大学.

李孝堂,2017. 世界航改燃气轮机的发展[M]. 北京:航空工业出版社.

李孝堂,聂海刚,张世福,等,2021. 航改燃气轮机总体设计[M]. 北京:科学出版社.

三友,1998. GT25000 工业/船用燃气轮机热能动力工程[J]. 热能动力工程(5):1.

《世界燃气轮机手册》编委会,2011. 世界燃气轮机手册[M]. 北京:航空工业出版社.

由岫,王辉,卜一凡,2020. GT13E2 燃气轮机技术特点[J]. 汽轮机技术,62(3):179－181.

Aldi N, Casari N, Morini M, et al. , 2018. Gas turbine fouling: a comparison among one hundred heavy-duty frames[R]. ASME 2018－GT－76947.

Aurelio L, Battagli P, Bianchi D, et al. , 2001. The MS5002E—a new 2-shaft, high efficiency heavy duty gas turbine for oil & gas applications[R]. ASME 2001－GT－0225.

Becker B, Schetter B, 1991. Gas turbines above 150 MW for integrated coal gasification combined cycles (IGCC)[R]. ASME 91－GT－256.

Bigley A, Driscoll M, 2010. Redefying propulsion and power systems for the United States Navy's 21st century destroyer, DDG 1000[R]. ASME 2010－GT－22804.

Blomstedt M, Larsson A, 2015. SGT－700 DLE combustion system extending the fuel flexibility[R]. 15－IAGT－101.

Cirigliano D, Grimm F, Kutne P, et al. , 2022. Economic analysis and optimal control strategy of micro gas-turbine with batteries and water tank: German case study[J]. Applied Sciences, 12:4.

Davis L D, Soreng A, 2009. Twin drive gas turbines in single propulsion package for Norwegian fast patrol boat[R]. ASME 2009－GT－59222.

Eldridge T M, Olsen A, 2009. Morton-Newkirk effect in overhung rotor supported in rolling element bearing S[R]. ASME 2009 - GT - 60243.

English C R, McCarthy S J, 2001. Qualification testing the WR21 intercooled and recuperated gas turbine[R]. ASME 2001 - GT - 0527.

Lal B, Dabiru V R, Provenzale M, et al., 2020. Structral dynamic design process of NOVALT™ annular combustors[R]. ASME 2020 - GT - 15490.

Liu K, Wood J P, Buchanan E R, et al., 2009. Biodiesel as an alternative fuel in Siemens DLE combustors: atmospheric and high pressure rig testing[R]. ASME 2009 - GT - 68897.

Naess T, 2018. Kongsberg gas turbines through fifty years: A review of the products and the history[R]. ASME 2018 - GT - 75313.

Niether M Sc S, 2018. Modification of a high pressure test rig for thermoacoustic measurements[D]. Berlin: Technischen Universität Berlin.

Olsson T, Ramentol E, Rahman M, et al., 2021. A data-driven approach for predicting long-term degradation of a fleet of micro gas turbines[J]. Energy and AI, 4: 3.

Otsuki Y, Nishihara Y, Ito E, et al., 1982. Kawasaki gas turbine engines for generator sets[R]. ASME 82 - GT - 6.

Packalén S, Nord N K, 2017. Combined gas- and steam turbine as prime mover in marine applications[D]. Gothenburg: Chalmers University of Technology.

Pennell D A, Bothien M R, Ciani A, et al., 2017. An introduction to the Ansaldo GT36 constant pressure sequential combustor[R]. ASME 2017 - GT - 64790.

Prario A, Voss H, 1990. FT8, a new high performance 25 MW mechanical drive aero derivative gas turbines[R]. ASME 90 - GT - 287.

Rao S V, Moellehoff D, Jager J A, 1988. Linear state variable dynamic model and estimator design for Allison T406 gas turbine engine[R]. ASME 88 - GT - 239.

Reale M J, Haaser F G, 2006. GE's LMS100 intercooled gas turbine full-scale validation test. LMS100 [C]. POWER - GEN International 2006, Alabama: ASME ATI.

Rocha G, Saadatmand M, Bolander G, 1995. Development of the Taurus 70 industrial gas turbine[R]. ASME 95 - GT - 411.

Scalzo A J, Bannister R L, DeCorso M, et al., 1996. Evolution of Westinghouse heavy-duty power generation and industrial combustion turbines[J]. Transactions of the ASME, 118: 324.

Schmitt W, Thomas V, 1995. Comparison of test measurements taken on a pipeline compressor/gas turbine unit in the workshop and at site [R]. ASME 1995 – GT – 125.

Schneider R, 2009. Die Zukunft der Gasturbinen[R]. Berlin: Siemens AG.

Shukin S, Annerfeldt M, Bjorkman M, 2008. Siemens SGT – 800 industrial gas turbine enhanced to 47 MW, design modifications and operation experience[R]. ASME 2008 – GT – 50087.

Singh V, 2015. Transient modelling and analysis of the OP16 gas turbine in GSP[D]. Delft: Delft University of Technology.

Swaminathan V P, Dean G J, 2012. Integrated approach to gas turbine rotor condition assessment and life management[R]. ASME 2012 – GT – 69103.

Taher M, Pillai P, 2018. Aeroderivative engines in liquefaction mechanical drive application[R]. ASME 2018 – GT – 75567.

Taouk A A, Sadasivuni S, Lörstad D, et al., 2013. Evaluation of global mechanisms for LES analysis of SGT – 100 DLE combustion system[R]. ASME 2013 – GT – 95454.

Ward SA, Hirt M J, 2010. SGT – 400 industrial gas turbine power enhancement to 15 MW design and product validation[R]. Chicago: ASME Digital Collection.

Wiedermann A, Orth U, Aschenbruck E, et al., 2012. Component testing and prototype commissioning of MAN's new gas turbine in the 6 MW – class [R]. ASME 2012 – GT – 68897.

Willett F T, Patel M, 2006. LM500 – packaged power for the all-electric ship[R]. ASME 2006 – GT – 90252.

Zetts A W. The impact of a microturbine power plant on an off-road range-extended electric vehicle [D]. Blacksburg: Virginia Polytechnic Institute and State University, 2015.